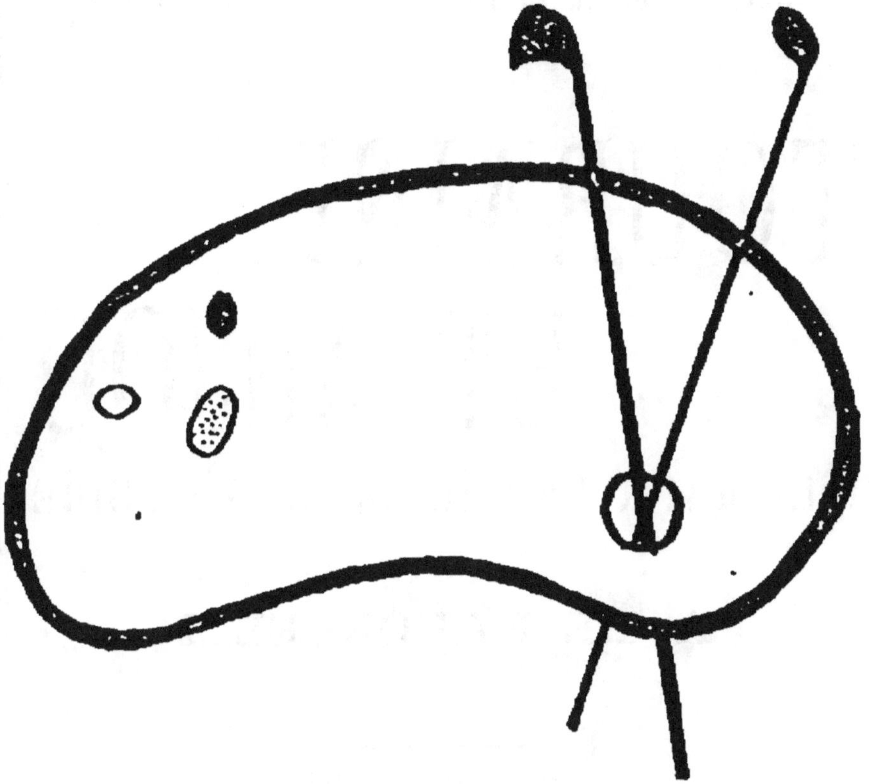

DEBUT D'UNE SERIE DE DOCUMENTS
EN COULEUR

GUIDES ROUTIERS RÉGIONAUX

A L'USAGE DES

Cyclistes et de la Locomotion Automobile

TOURAINE ET ANJOU

CHATEAUX DES BORDS DE LA LOIRE

PAR

A. DE BARONCELLI

Prix : 1 fr. 75

PARIS

—

CHEZ TOUS LES LIBRAIRES

TABLE DES PRINCIPALES LOCALITÉS

Les hôtels précédés d'un astérisque sont particulièrement recommandés aux touristes cyclistes.

CAOUTCHOUC MANUFACTURÉ

TORRILHON & Cᴵᴱ

SOCIÉTÉ EN COMMANDITE PAR ACTIONS
AU CAPITAL DE 2.000.000 DE FRANCS

USINES :
à CHAMALIÈRES et ROYAT, près Clermont-Ferrand (Puy-de-Dôme).

MAISON DE VENTE :
10, FAUBOURG POISSONNIÈRE, PARIS

Exposition Universelle 1900
HORS CONCOURS — MEMBRE DU JURY

LE
" TOURISTE "
Breveté S. G. D. G.

Le "TOURISTE" a une souplesse et un poids compa-
rables à ceux du pneumatique ordinaire, et il a tous les
avantages du creux aux points de vue de la sécurité sur
route, de l'imperforabilité, de l'inexplosibilité, de la sim-
plicité du montage et de l'entretien.

CONCLUSION :
CYCLISTES, qui ne voulez avoir aucun souci en
cours de route, confiez-vous au
" TOURISTE "

Prix-courants envoyés franco sur demande

Paris. — Imprimerie G. Maurin, 71, rue de Rennes — 5-1901.

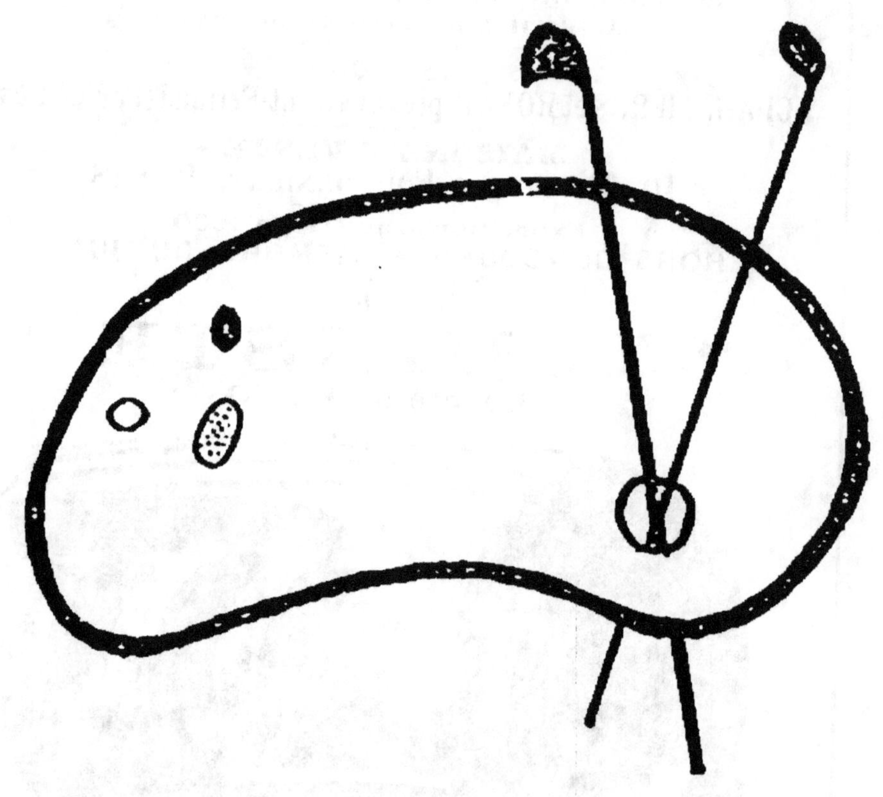

FIN D'UNE SERIE DE DOCUMENTS
EN COULEUR

GUIDES ROUTIERS RÉGIONAUX

A L'USAGE DES

Cyclistes et de la Locomotion Automobile

TOURAINE ET ANJOU

CHATEAUX DES BORDS DE LA LOIRE

PAR

A. DE BARONCELLI

Prix : 1 fr. 75

PARIS

EN VENTE CHEZ TOUS LES LIBRAIRES

GUIDES BARONCELLI

LES ENVIRONS DE PARIS, détaillés dans un rayon de 140 kilomètres, avec l'Itinéraire abrégé de la France, indiquant les voies vélocipédiques les plus directes pour se rendre de Paris à tous les Chefs-Lieux de Département et d'Arrondissement, Stations thermales et balnéaires, ainsi qu'à Londres, Bruxelles, Genève, Gênes et Turin, 17e édition, . . . **5 fr. »**

LA FRANCE, guide routier à l'usage des cyclistes et de la locomotion automobile, indicateur des distances avec annotations, contenant la nomenclature générale des routes qui relient tous les Chefs-Lieux de Département et d'Arrondissement, nouvelle édition. **5 fr. »**

L'AUVERGNE ET LES CAUSSES DES CÉVENNES . . . . **2 fr. »**

LE DAUPHINÉ ET LA SAVOIE, rives du lac de Genève, 2e édition. . . . . **2 fr. »**

LES ARDENNES françaises et belges, le Grand-Duché de Luxembourg . . . . **2 fr. »**

LES PYRÉNÉES, de Bayonne à Perpignan. **2 fr. »**

LA BRETAGNE, plages bretonnes, 2e édit. **2 fr. »**

LA NORMANDIE, plages normandes, 3e édit. **1 fr. 75**

LES VOSGES, région française des lacs et des stations thermales, 2e édition. . . . . . **1 fr. 75**

LA TOURAINE ET L'ANJOU, châteaux des bords de la Loire, 4e édition. . . . . . **1 fr. 75**

En préparation :

LA PROVENCE, stations d'hiver du littoral méditerranéen.

LA VENDÉE ET LA CHARENTE, plages de l'Océan.

LE MORVAN.

LE JURA.

————————

PRÉFACE

Ayant souvent constaté combien de cyclistes, à la veille d'entreprendre une excursion un peu prolongée, sont embarrassés sur le choix du voyage et pour en établir d'avance les étapes, nous pensons pouvoir leur être utile en publiant un itinéraire spécial pour chacune des principales régions les plus intéressantes de la France.

*C'est dans cette intention que nous présentons aujourd'hui, aux touristes cyclistes, une nouvelle édition du guide de la **Touraine et de l'Anjou.***

Afin de rendre accessible notre itinéraire, en venant le rejoindre de n'importe quelle direction, nous l'avons tracé circulaire ; de telle sorte qu'en prenant pour point de départ une des villes quelconques de son parcours, on puisse revenir à cette ville après avoir fait le voyage entier et visité les curiosités les plus importantes de la région.

Toutefois, voulant rendre l'ouvrage très portatif, nous nous sommes bornés à donner la description de la route au point de vue purement vélocipé-

dique, à l'indication exacte des distances séparant les localités, au bon choix des hôtels (toujours se présenter avec notre guide) et au partage qui nous a paru le plus rationnel des étapes journalières.

Quant aux longueurs des côtes et des espaces pavés, nous adopterons, pour les mesurer, le temps de marche nécessaire à franchir ces passages, à pied, à raison d'environ 4 ou 5 kilomètres à l'heure, aussi exprimerons-nous leur durée en minutes et en heures.

Néanmoins, beaucoup de cyclistes, légèrement chargés, pourront gravir en machine plusieurs des rampes ainsi mentionnées ; le renseignement du temps, pour les monter à pied, s'adressant particulièrement aux touristes non entraînés.

Le touriste, préférant bien voir en détail et sans fatigue, désirant séjourner quelques heures dans les localités qui offrent de l'intérêt et conserver de son excursion un souvenir durable, suivra à la lettre nos étapes ; cependant, s'il se sent de force, rien ne l'empêchera de les doubler, mais nous ne saurions l'y engager, à moins qu'il veuille se contenter d'impressions fugitives, résultat inévitable d'un voyage fait trop à la hâte.

TABLE MÉTHODIQUE

PLAN DU VOYAGE

ORLÉANS

Cléry, Chambord, Blois,
Chaumont, Amboise,
Tours,
Luynes, Langeais, Azay-le-Rideau, Ussé,
Saumur,
Angers, Ancenis, Nantes,
Saint-Florent-le-Viel, Angers,
Brissac, Saumur,
Montsoreau, Fontevrault, Chinon,
Loches, Chenonceaux, Montrichard,

ou Loches, Montrésor, Valençay,
Saint-Aignan, Montrichard, Chenonceaux,
Montrichard, Cheverny, Beauregard, Blois,

ou Montrichard, Pontlevoy, Blois,
Beaugency, Orléans.

(Pour ce voyage, consulter les feuilles de la carte de France du Ministère de la Guerre, au 200.000me, portant les nos 31, 32, 33, 38 et 39.)

Nota. — Le cycliste venant de Paris se rendra à Orléans, soit par le chemin de fer (13 fr. 55 ; 9 fr. 15 ; 5 fr. 95), soit par la route. Dans ce dernier cas, il devra suivre l'un des deux itinéraires ci-dessous de **Paris à Orléans (120 ou 125 kil.)**, dont la description détaillée se trouve dans notre *Guide des Environs de Paris.*

DE PARIS A ORLÉANS

Itinéraire A. — Par Suresnes (**1**), Montretout (**1**), Ville-d'Avray (**3**), **Versailles** (**5**), Buc (**3**), Toussus (**1**), Saint-Remy-les-Chevreuse (**6**), Les Molières (**1**), **Limours** (**3**), Angervilliers (**7**), Saint-Cyr-sous-Dourdan (**1**), **Dourdan** (**5** — Hôt. du *Croissant*), Les-Granges-le-Roi (**3**), Authon (**8** — Hôt. des *Trois-Marchands*), Pussay (**11**), Angerville (**5** — Hôt. *Haran*), Andonville (**5**), Allainville (**1**), Acquebouille (**1**), Les Bordes (**15**), Saint-Lyé (**1**), Fleury-aux-Choux (**15**) et Orléans (**3**).

Itinéraire B. — Par **Charenton-le-Pont** (**2**), Maisons-Alfort (**2**), Villeneuve-Saint-Georges (**8**), Draveil (**7**), Champrosay (**3**), Ris (**1**), Orangis (**2**), Bondoufle (**1**), Vert-le-Grand (**5**), Vert-le-Petit (**3**), poudrerie du Bouchet (**2**), Saint-Vrain (**2** — Hôt. de la *Poste*), Bouray (**1**), Janville-sur-Juine (**3**), Gillevoisin (**2**), Auvers-Saint-Georges (**3**), Morigny-Champigny (**1**), **Etampes** (**3** — Hôt. du *Grand-Courrier*), Saclas (**10**), Autruy (**10**), Acquebouille (**8**) et Orléans (**37** — *V.,* ci-dessus, A).

La route nationale de Paris à Orléans (113 kil.), par Bourg-la-Reine (**4**), Antony (**3**), Longjumeau (**6**), Montlhéry (**7**), Arpajon (**6**), Etréchy (**12**), Etampes (**8**), Angerville (**19**), Toury (**13**), Artenay (**15**), Chevilly (**6**) et Orléans (**14**), est seulement praticable jusqu'à Arpajon, en utilisant les trottoirs. Au delà, on rencontre huit kil. pavés entre Arpajon et Etréchy, et quarante-sept kil. pavés, entre Etampes et Artenay.

DIVISION DU TEMPS

Le voyage complet de la Touraine et de l'Anjou demande de vingt-huit à trente jours, si l'on suit à la lettre l'itinéraire entier selon la *Division du Temps* indiqué ci-dessous ; vingt-trois ou vingt-cinq jours, si l'on supprime les itinéraires facultatifs des 6ᵉ, 7ᵉ, 10ᵉ, 13ᵉ et 17ᵉ jours.

Le cycliste pressé pourra encore abréger son voyage en le limitant : soit à Saumur, soit à Angers, et, parvenu à l'une de ces deux villes, en prenant l'itinéraire de retour sur la rive gauche de la Loire.

1ᵉʳ Jour. — Visite de la ville d'Orléans. Dîner et coucher à Orléans.

2ᵉ Jour. — Départ d'Orléans. Arrivée à Cléry. Visite de l'église. Départ de Cléry après le déjeuner. Arrivée à Chambord. Visite du château. Dîner et coucher à Chambord.

3ᵉ Jour. — Départ de Chambord. Déjeuner à Blois. Visite de la ville et du château. Dîner et coucher à Blois.

4ᵉ Jour. — Départ de Blois. Déjeuner à Chaumont. Visite du château de Chaumont. Arrivée à Amboise. Visite de la ville et du château. Dîner et coucher à Amboise.

5ᵉ Jour. — Départ d'Amboise. Déjeuner à Tours. Visite de la ville. Dîner et coucher à Tours.

6ᵉ Jour (*facultatif*). — Excursion à Saint-Avertin. Déjeuner à Saint-Avertin. Rentrée à Tours. Excursion au château de Plessis-les-Tours. Dîner et coucher à Tours.

Ou : Déjeuner à Savonnières. Visite des caves gouttières. Château de Villandry. Visite du château de Plessis-les-Tours. Dîner et coucher à Tours.

7ᵉ Jour (*facultatif*). — Excursion à Mettray. Déjeuner à Mettray. Visite de la colonie agricole. Ruines du château de Semblançay. Dîner et coucher à Tours.

8ᵉ Jour. — Départ de Tours. Arrivée à Luynes. Visite du château. Départ de Luynes après le déjeuner. Visite des châteaux de Langeais et d'Azay-le-Rideau. Dîner et coucher à Azay-le-Rideau.

9ᵉ Jour. — Départ d'Azay-le-Rideau. Arrivée à Ussé. Visite du château. Départ d'Ussé après le déjeuner. Arrivée à Saumur. Visite de la ville et du château. Dîner et coucher à Saumur.

10ᵉ Jour (*facultatif*). — Excursion à Montreuil-Bellay. Visite du dolmen de Bagneux. Déjeuner à Montreuil-Bellay. Visite du château de Montreuil-Bellay. Château de Brézé. Dîner et coucher à Saumur.

11ᵉ Jour. — Départ de Saumur. Déjeuner aux Rosiers. Dîner et coucher à Angers.

12ᵉ Jour. — Visite de la ville et du château d'Angers. Déjeuner, dîner et coucher à Angers.

13ᵉ Jour (*facultatif*). — Excursion aux châteaux du Plessis-Bourré et du Plessis-Macé. Déjeuner à Soulaire. Dîner et coucher à Angers.

14ᵉ Jour. — Départ d'Angers. Visite du château de Serrant. Déjeuner à Saint-Georges-sur-Loire. Ruines du château de Champtocé. Dîner et coucher à Ancenis.

15ᵉ Jour. — Départ d'Ancenis. Déjeuner à Oudon. Visite des ruines du château d'Oudon. Dîner et coucher à Nantes.

16ᵉ Jour. — Visite de la ville et du château de Nantes. Déjeuner, dîner et coucher à Nantes.

17ᵉ Jour (*facultatif*). — Excursion à Clisson. Déjeuner au Pallet ou à Clisson. Visite de la ville et du château de Clisson. Dîner et coucher à Nantes.

18ᵉ Jour. — Départ de Nantes. Déjeuner au pont de Mauves. Dîner et coucher à Saint-Florent-le-Vieil.

19ᵉ Jour. — Dans la matinée, visite de l'église et de la promenade de Saint-Florent-le-Vieil. Départ de Saint-Florent-le-Vieil après le déjeuner. Dîner et coucher soit à La Roche-Brigné, soit à Angers.

20ᵉ Jour. — Départ d'Angers ou de La Roche-Erigné. Arrivée à Brissac. Visite du château. Départ de Brissac après le déjeuner. Visite de l'église de Cunault et du donjon de Trèves. Dîner et coucher à Saumur.

21ᵉ Jour. — Départ de Saumur. Déjeuner à Fontevrault. Visite de la ville et de l'abbaye de Fontevrault. Ruines du château du Montsoreau. Dîner et coucher à Chinon.

22ᵉ Jour. — Visite de la ville et du château de Chinon. Déjeuner, dîner et coucher à Chinon.

23ᵉ Jour. — Départ de Chinon. Déjeuner à l'Isle-Bouchard ou à Richelieu. Dîner et coucher à Loches.

24ᵉ Jour. — Visite de la ville et du château de Loches. Déjeuner, dîner et coucher à Loches.

25ᵉ Jour. — Départ de Loches. Déjeuner à Chenonceaux. Visite du château de Chenonceaux. Arrivée à Montrichard. Visite des ruines du château. Dîner et coucher à Montrichard.

Ou : 25ᵉ Jour. — Départ de Loches. Arrivée à Montrésor. Visite du château. Départ de Montrésor après le déjeuner. Arrivée à Valençay. Visite du château. Dîner et coucher à Valençay.

26ᵉ Jour. — Départ de Valençay. Déjeuner à Saint-Aignan. Dîner et coucher à Montrichard.

27ᵉ Jour. — Dans la matinée, visite des ruines du château de Montrichard. Déjeuner à Montrichard. Dans la journée, visite du château de Chenonceaux. Dîner et coucher à Montrichard.

26ᵉ Jour. — Départ de Montrichard. Déjeuner à Contres. Visite des châteaux de Cheverny et de Beauregard. Dîner et coucher à Blois.

27ᵉ Jour. — Départ de Blois après le déjeuner. Arrivée à Beaugency. Visite de la ville et du château. Dîner et coucher à Beaugency.

28ᵉ Jour. — Départ de Beaugency. Déjeuner à Orléans. Excursion aux sources du Loiret. Retour à Orléans.

———

SIGNES ET ABRÉVIATIONS

Aub.	Auberge.	G.	Gauche.
Ch.	Chemin.	H.	Heure.
Ch.-l. d'arr.	Chef-lieu d'arrondissement.	Hab.	Habitant.
		Hôt.	Hôtel.
Ch.-l. de c.	Chef-lieu de canton.	Kil.	Kilomètre.
		M.	Mètre.
Ch.-l. de dép.	Chef-lieu de département.	Min.	Minute.
		R.	Route.
Dr.	Droite.	V.	Voyez.

Les chiffres suivis du signe '
indiquent un *nombre de minutes.*
Exemple : 12', soit douze minutes.

Les chiffres, entre parenthèses, indiquent les *distances kilométriques* séparant les localités.

GUIDE DE LA TOURAINE

ET DE L'ANJOU

VILLE D'ORLÉANS

ORLÉANS, CHEF-LIEU DU DÉPARTEMENT DU LOIRET, COMPTE 66.699 HABITANTS.

Hôtels recommandés : — Hôtel *Saint-Aignan*, place *Gambetta*; du *Loiret* (plus modeste), boulevard *Alexandre-Martin*, vis-à-vis la gare.

Cafés : — de la *Rotonde*; *Grand-Café*, tous deux place du *Martroi*.

Spécialité : — le *cotignac d'Orléans*, sorte de confiture de coings, qui se vend en boîtes de toutes dimensions chez les confiseurs de la ville.

Arrivée à Orléans. — Le cycliste, arrivant par le chemin de fer, se rendra soit à l'hôtel du *Loiret*, soit à l'hôtel *Saint-Aignan* (ce dernier à 500 m.), en suivant l'itinéraire ci-dessous :

Sortant de la cour de la gare, tourner à dr. et suivre le boulevard *Alexandre-Martin* (immédiatement à g., l'hôtel du *Loiret*, à l'angle du boulevard et de la rue de la *République*) jusqu'à la place *Gambetta*, ornée d'un petit square arrondi. Sur cette place se trouve situé, à dr., l'hôtel *Saint-Aignan*, à l'angle du faubourg *Bannier*.

Visite de la ville d'Orléans (environ 6 h.). — Vis-à-vis l'hôtel *Saint-Aignan*, de l'autre côté du square de la place *Gambetta*, descendre, à l'angle de l'église Saint-Paterne, la rue *Bannier* qui conduit au centre de la ville à la place du *Martroi*. Traverser cette place, où s'élève la statue équestre de *Jeanne d'Arc*, et continuer devant soi par la rue *Royale*. Un peu plus loin, dépassant la rue *Jeanne d'Arc*, dans la direction de la cathédrale, on prendra l'étroite rue suivante, la rue des *Albanais*, à g. Celle-ci croise la rue *Charles Sanglier* ; à l'angle des deux rues, se trouve à dr., au n° 22, la maison de Diane de Poitiers renfermant le Musée historique (public les dimanches et jeudis, de midi à 4 h., et 5 h. en été; visible tous les jours pour les étrangers; gratification, 50 c.).

Sortant du musée historique par la façade opposée, on traversera la rue *Sainte-Catherine* pour pénétrer, par un passage voûté, dans la cour de l'ancien Hôtel de Ville (Musée de peinture, de sculpture et d'histoire naturelle; mêmes jours et heures d'admission qu'au Musée historique).

La porte principale de l'ancien Hôtel de Ville donne sur la place de la *République*. Traversant cette place, à g., on rejoindra la rue *Jeanne d'Arc*. Celle-ci, à dr., conduit à la Cathédrale, située sur la place *Sainte-Croix*. A la sortie de la cathédrale, se diriger à dr. vers la place de l'*Étape*, où s'élève l'Hôtel de Ville (magnifiques salles; mêmes jours et heures d'admission qu'au Musée historique).

Après avoir visité l'intérieur de l'Hôtel de Ville, passer à g. par le couloir des bureaux de la Police centrale, reliant la cour de l'Hôtel de Ville à un jardin public. Traverser ce jardin, à dr., en remarquant quelques ruines transférées de l'église Saint-Jacques, et sortir par la rue d'*Escures*. Suivant cette rue, à dr., on revient sur la place de l'Étape, vis-à-vis la façade de l'Hôtel de Ville. Ici, gravir quelques degrés, à g., et suivre la courte rue *Guillaume-Prousteau*, à g. du Théâtre.

A l'extrémité de la rue, une arcade précède la place de la *Halle-au-Blé*, au milieu d'un ancien cloître. Ici, tourner à dr. pour regagner la place Sainte-Croix, en face d'un des portails latéraux de la cathédrale.

Suivre à g. la rue *Dupanloup*, qui aboutit à la rue *Bourdon-Blanc*. Tourner à dr. dans cette dernière, puis, presque aussitôt, à g., dans la rue *Sainte-Euverte*. Devant la grille de l'église Sainte-Euverte, prendre à dr. la rue de l'*Étélon* et la parcourir dans toute sa longueur jusqu'à la rue transversale de *Bourgogne*. Dans celle-ci, tourner à dr., puis, par la deuxième rue à g., de l'*Oriflamme*, se rendre à la place du *cloître Saint-Aignan*, où s'élève l'église de ce nom. A dr. de l'église, la rue *Coligny* descend et vient couper la rue de la *Tourneuve*. Continuer vis-à-vis par la rue des *Africains*, et, ayant traversé la place du *cloître Saint-Pierre-le-Puellier*, gravir à dr. la rue *Saint-Gilles*, prolongée par la rue de l'*Uni-*

versité. On revient à la rue de *Bourgogne* pour passer à g., devant la Préfecture et, un peu plus loin, devant le dôme de l'Eglise chrétienne évangélique.

Au delà de ce temple, abandonner la rue de Bourgogne et prendre à g. la rue de la *Cholerie* conduisant à la place du *Châtelet*. Ici, descendre à g., entre les pavillons des Halles et un petit square, pour atteindre ensuite, par la rue *Alibert*, le quai du *Châtelet* en bordure de la *Loire*.

Tournant à dr., on passera entre le *pont d'Orléans* et la rue *Royale* et l'on continuera par le quai *Cypierre* ; suivre ce quai jusqu'à la quatrième rue à dr., la rue *Notre-Dame-de-la-Recouvrance*. Dans celle-ci, on dépasse successivement les églises Notre-Dame-de-la-Recouvrance et Saint-Paul avant d'aboutir, à l'angle de l'Hôtel des Postes, à la rue des *Carmes*.

Tourner à dr. dans la rue des Carmes et, laissant à g. la rue de la *Hallebarde*, continuer par la rue de *Tabour*, bordée, à dr., de plusieurs anciennes maisons, parmi lesquelles on remarque : au n° 35, celle habitée jadis par Jeanne d'Arc et, plus loin, au n° 15, celle dite d'Agnès Sorel, contenant le Musée de Jeanne d'Arc (mêmes jours d'admission qu'au Musée historique).

La rue de Tabour rejoint la rue *Royale* qu'il faut prendre à g. pour regagner la place du *Martroi*.

De l'autre côté de la statue de Jeanne d'Arc, suivre, à dr. du café de la Rotonde, la rue de la *République* ; elle ramène vers la gare ainsi qu'au boulevard *Alexandre-Martin*, à l'angle de l'hôtel du *Loiret*. En tournant à g. sur le boulevard, on revient à l'hôtel *Saint-Aignan*.

Excursion recommandée au départ d'Orléans. — Les sources du Loiret (15 kil. 600 m., aller et retour. — Pavé : 52').

Itinéraire : De l'hôtel *Saint-Aignan* à la place *Dauphine*, située à l'extrémité du pont d'Orléans (1.5 — Pavé : 20'), V. page 18.

De l'autre côté de la statue de *Jeanne d'Arc*, suivre la rue *Dauphine*, plantée d'arbres. Après l'octroi, la r. d'Olivet, qui présente cinq cents m. de pavage (6'), conduit au pont sur le *Loiret* nombreuses guinguettes ; cafés-restaurants du *Prado*, de l'*Eldorado*) ; légère montée.

La rivière franchie, commence le bourg d'Olivet (**3.2**). Ici, pour éviter le pavé, prendre la première ruelle à g., la rue *Veillard* ; puis, après avoir parcouru deux cents m., suivre le premier ch. à dr., entre deux murs. A la rencontre (**0.9**) de la r. d'Olivet à Saint-Cyr-en-Val, tourner à g. ; faibles ondulations. Après le hameau du Quartier-du-Coudray (**0.9**), on arrive à un grand rond-point sur lequel s'ouvre à g. la grille du parc du *château de la Source* (**1.4**).

Dans ce parc sourdent les deux sources du Loiret : le *Gouffre* et le *Bouillon*, provenant sans doute de filtrations de la Loire (20' aller et retour : s'adresser à la maison du garde, à g. de la grille ; gratification, 50 c.).

Retour à Orléans (**7.8** — Pavé : 26') par le même itinéraire.

Pour mémoire. — **D'Orléans à Châteaudun**, par Saint-Péravy-la-Colombe (**18**), Tournoisis (**6**), Lutz (**17**) et Châteaudun (**7** — Ch.-l. d'arr. — 7.460 hab. — Hôt. de la *Place*).

D'Orléans à Chartres, par Saint-Péravy-la-Colombe (**18**), Patay (**6** — Hôt. *Sainte-Barbe*), Guillonville (**6**), Cormainville (**7**), Sancheville (**6**), Montainville (**8**), Dammarie (**10**), Morancez (**6**), Le Coudray (**3**) et Chartres (**3** — Ch.-l. du dép. d'Eure-et-Loire. — 23.187 hab. — Hôt. du *Grand-Monarque*).

D'Orléans à Fontainebleau par la Maison-Blanche (**14**), Chilleurs-aux-Bois (**14**), **Pithiviers** (**14** — Ch.-l. d'arr. — 5.821 hab. — Hôt. de la *Poste*), Coudray (**10**), Malesherbes (**3** — Hôt. du *Lion-d'Or*), La Chapelle-la-Reine (**13** — Hôt. de l'*Etoile*), Ury (**4**) et Fontainebleau (**10** — Ch.-l. d'arr. — 14.078 hab. — Hôt. du *Cadran-Bleu*).

D'Orléans à Sens, par Saint-Jean-de-Braye (**5**), Pont-aux-Moines (**7**), Saint-Denis-de-l'Hôtel (**5**), Chateauneuf-sur-Loire (**8** — Hôt. *Feuillambois*), Bellegarde (**23** — Hôt. de *France*), Ladon (**7** — Hôt. *Couture*), Saint-Maurice-sur-Fessard (**6**), **Montargis** (**8** — Ch.-l. d'arr. — 11.314 hab. — Hôt. de la *Poste*), La Chapelle-Saint-Sépulcre (**9**), Courtenay (**16** — Hôt. de l'*Etoile*), Vernoy (**9**) et Sens (**17** — Ch.-l. d'arr. — 14.924 hab. — Hôt. de l'*Ecu; de Paris*).

D'Orléans à Auxerre, par Montargis (**69** — *V.* ci-dessus), Amilly (**5**), Saint-Germain-des-Prés (**6**), Château-Renard (**8**), Triguères (**5**), Douchy (**5**), Villefranche (**7**), Saint-Romain (**7**), Volgré (**7**), Senan (**3**), Aillant-sur-Tholon (**4** — Hôt. de *Paris*) et Auxerre (**10** — Ch.-l. du dép. de l'Yonne. — 18.576 hab. — Hôt. de la *Fontaine*).

D'Orléans à Nevers, deux routes :

A. — Par Châteauneuf-sur-Loire (**25** — *V.* ci-dessus d'Orléans à *Sens*). Les Bordes (**15**), Ouzouer (**8** — Hôt. du *Lion-d'Or*), Dampierre (**3**), **Gien** (**12** — Ch.-l. d'arr. — 8.271 hab. — Hôt. de l'*Ecu-et-de-la-Poste*), Briare (**10** — Hôt. de la *Poste*), La Poste (**7**), Bonny-sur-Loire (**5** — Hôt. des *Voyageurs*), Neuvy-sur-Loire (**5** — Hôt. *Lognon*), Les Brocs (**5**), La Cellesur-Loire (2), Myennes (3). **COSNE** (1 — Ch.-l. d'arr. — 8.610 hab. — Hôt. du *Grand-Cerf*), Maltaverne (8), Pouilly-sur-Loire (7 — Hôt. de l'*Ecu*), Mesves (5), La Charité-sur-Loire (8 — Hôt. du *Grand-Monarque*), La Marche (5), Pougues-les-Eaux (8 — Hôt. de *France*) et Nevers (12 — Ch.-l. du dép. de la Nièvre. — 27.108 hab. — Hôt. de l'*Europe*).

B. — Par Saint-Jean-le-Blanc (2), Sandillon (12), Les Pointes (4), Jargeau (1 — Hôt. de la *Boule-d'Or*), Tigy (10 — Hôt. du *Cheval-Blanc*), Neuvy-en-Sullias (5), Sully-sur-Loire (7 — Hôt. de la *Poste*), Saint-Aignan-de-Jaillard (6), Lion-en-Sullias (1), Saint-Gondon (5), Poilly (5), **GIEN** (1 — Ch.-l. d'arr. — 8.271 hab. — Hôt. de l'*Ecu-et-de-la-Poste*). Saint-Firmin (9), Châtillon-sur-Loire (1 — Hôt. du *Commerce*), Beaulieu (8), Belleville (1), Sury (1), Léré (1 — Hôt. du *Lion-d'Or*), Ménétreau (3), Boulleret (5), Bannay (5), Saint-Satur (3 — Hôt. *Galopin*), Ménétréol (2), Thauvenay (2), Saint-Bouisse (3), La Sorée (8), Herry (2 — Hôt. *Migeon*), La Charité (8 — Hôt. du *Grand-Monarque*), Argenvières (1), Marseille-les-Aubigny (8), le Poids-de-Fer (2), Fourchambault (6 — Hôt. des *Forges*) et Nevers (9).

D'Orléans à Bourges, par Olivet (5), La Ferté-Saint-Aubin (16 — Hôt. de la *Croix-Blanche*), La Motte-Beuvron (13 — Hôt. *Tatin*), Nouan-le-Fuzelier (10), La Bourdinière (7), Salbris (5 — Hôt. du *Midi*), La Loge (9), Vierzon (11 — Hôt du *Bœuf*), Mehun-sur-Yèvre (16 — Hôt. *Charles VII*), Beauregard (2) et Bourges (14 — Ch.-l. du dép. du Cher. — 43.587 hab. — Hôt. de la *Boule-d'Or*).

D'Orléans à Châteauroux, par Vierzon (70 — *V.* ci-dessus d'*Orléans à Bourges*), Saint-Hilaire (5), Massay (5 — Hôt. *Madrolle-Bonniaud*), Vornand (12), Vatan (1 — Hôt. de *Toulouse*), Bellevue (10), Maison-Neuve (1), Bourg-Dieu (13) et Châteauroux (3 — Ch.-l. du dép. de l'Indre. — 23.863 hab. — Hôt. de *France*; *Sainte-Catherine*).

D'Orléans à Romorantin, par La Ferté-Saint-Aubin (21 — *V.* ci-dessus d'*Orléans à Bourges*), Chaumont-sur-Tharonne (13), La Ferté-Beauharnais (9), Millançay (14) et Romorantin (9 — Ch.-l. d'arr. — 7.972 hab. — Hôt. du *Lion-d'Or*).

D'ORLÉANS A CHAMBORD

Par Saint-Pryvé, Saint-Mesmin, Saint-Fiacre, Cléry,
Lailly, Les Trois-Cheminées, Saint-Laurent-des-
Eaux et Nouan-sur-Loire.

Distance: **16** kil. **100** m. *Côte:* **1** min. *Pavé:* **30** min.

Nota. — Excellente route, à peu près plate sur tout le parcours.
Avoir soin d'arriver à Chambord assez tôt pour pouvoir visiter le
château le jour même.
D'Orléans à Blois, par Beaugency, *V.*, en sens inverse, les itinéraires des pages 107 et 101.
Pour l'emploi de chaque journée, *V.*, à la *Division du Temps,*
page IX.

De l'hôtel *Saint-Aignan* au pont sur la *Loire,* le
cycliste a le choix entre deux itinéraires : soit qu'il
traverse la ville d'Orléans par les rues pavées, soit
qu'il la contourne par les boulevards macadamisés.
Dans le premier cas, on descend la rue *Bannier*
(Pavé : 20'), et, après avoir traversé la place du *Martroi,*
on continue par la rue *Royale* conduisant au pont.
Si l'on préfère contourner la ville, en allongeant de
cinq cents m., on prendra, à dr. de l'hôtel Saint-
Aignan, le boulevard *Rocheplatte,* et, à la suite, le boulevard de la *Madeleine,* puis le boulevard des *Princes.*
Ce dernier aboutit au quai *Barentin* (en partie pavé,
mais bordé d'un large trottoir, plus ou moins autorisé)
qu'on suivra à g. jusqu'au pont.
Franchissant la *Loire,* on atteint, de l'autre côté du
pont (pavé en bois), la place *Dauphine* (**1.5**), ornée
d'une statue de *Jeanne d'Arc.* Ici, laissant devant soi
la r. de Vierzon (79) et, à g., celle de Gien (66.4) par la
rive g.), on tournera à dr. sur le *Quai Neuf.*

En prenant à g. le quai des *Augustins,* puis la deuxième rue à
dr., la rue *Croix-de-la-Pucelle,* on arrive devant la Colonne, surmontée d'une croix, élevée sur l'emplacement qu'occupait jadis le
fort des Tournelles, pris d'assaut par Jeanne d'Arc, le 7 mai 1429.

Suivre à dr. le *Quai Neuf* pendant deux cents m. et, à la première bifurcation, quittant la r., en bordure du fleuve, qui conduit au *champ de manœuvre*, continuer à g. par la r. de Cléry. Celle-ci, absolument plate, très bonne, s'éloigne de la Loire, qu'on perd de vue, et traverse le long village de Saint-Pryvé (3), sorte de faubourg d'Orléans ; puis, faisant un coude prononcé à g., franchit la rivière du *Loiret* à l'entrée de Saint-Mesmin ; joli paysage.

Courte montée (1') dans Saint-Mesmin (1). La r. parcourt un pays assez monotone, mais très bien cultivé, présentant, au-delà du village de Saint-Fiacre (2.7), une vaste plaine, entièrement plantée de vignes, s'étendant sur une longueur de plusieurs kilomètres.

Bientôt on atteint la petite ville de Cléry (1.6 — Ch.-l. de c. — 2.558 hab. — Pavé : 10' avec mauvais bas-côtés — Hôt. de la *Belle-Autruche*) où un temps d'arrêt est nécessaire pour visiter sa fameuse basilique, pèlerinage auquel le roi Louis XI avait voué une dévotion particulière (tombeau de ce roi avec statue agenouillée ; chapelles de Dunois-Longueville, de Saint-Jacques de Pontbriand ; le trésor).

Après Cléry, la r., continuant dans les mêmes conditions, dépasse Lailly (7.7 — Hôt. du *Cygne-de-la-Croix*), où croise la r. de Ligny-le-Ribault (12.3) et de la Motte-Beuvron (31.1) à Beaugency (5.1), puis le village moins important des Trois-Cheminées (2.2 — Café *Mousset*) situé sur une petite montée.

A partir des Trois-Cheminées, le pays, moins monotone, se boise. On coupe (3) la r. de Beaugency (5.5) à la Ferté-Saint-Cyr (9) et à Romorantin (16). Ensuite quelques ondulations, présentant quatre petites descentes, suivies de légères montées, mènent à Saint-Laurent-des-Eaux (3.5 — Hôt. et café *Denis*).

Entre Saint-Laurent-des-Eaux et Nouan-sur-Loire, la r. continue à onduler faiblement ; au hameau du Cavereau, brève échappée de vue sur la Loire.

Dans Nouan (5.1), on remarque, inscrits sur la maison d'un modeste café, des vers composés par M. Duneau, cafetier-sabotier et poète mystique. Cent m. plus loin, s'élève à g. de la r. une croix et, sur son piédestal, on retrouve des vers du même auteur.

Dépassé Nouan, parvenu au deuxième ch. à g. (**O.7**), faire attention, car ici il faut quitter la r. directe de Blois (22), par Muides (2.5) et Saint-Dyé (6), pour s'engager à g. sur le ch. de Chambord, appelé *chemin du Maréchal.*

Quand on aura roulé une centaine de m., on passera à côté de l'*ermitage Duneau,* dédié à Saint-Antoine-de-Padoue, encore décoré d'inscriptions en vers du poète-sabotier. Plus loin, après avoir coupé le ch. de Mer (6) à Crouy (6), laissant à dr., dans la plaine, le village de Muides, on atteindra, au *pavillon de Muides,* une des portes du mur d'enceinte du domaine de Chambord (35 kil. de tour).

Le ch., plat, sillonne une plaine découverte, longue d'un kil., et se dirige en droite ligne vers les ombrages d'un bois touffu. Descente légère depuis la *borne 10,* ensuite un brusque détour, à g., conduit vis-à-vis le *château de Chambord,* au milieu d'une immense pelouse.

On traverse la rivière du *Cosson,* et bientôt apparait à dr. l'hôtel du *Grand-Saint-Michel* où l'on devra diner et coucher (**8.1** — Pension de 6 à 8 fr. par jour; charmant lieu de villégiature, centre de nombreuses excursions dans le parc).

Visite du château de Chambord. — Le château de Chambord, une merveille d'architecture, bâti par François Ier, après avoir appartenu aux rois de France, au maréchal de Saxe et au prince de Wagram, fut acheté, en 1821, avec le produit d'une souscription pour le duc de Bordeaux. Ses propriétaires actuels, M. le duc de Parme et M. le comte de Bardi, en ont hérité de leur oncle Mgr. le comte de Chambord (Henri V).

.Si l'on est arrivé assez tôt, on pourra visiter le château avant le diner (45'; rétribution, 50 c.). De la sorte, il sera facile d'aller déjeuner le lendemain à Blois et l'on aura ainsi tout l'après-midi pour la visite de cette ville.

Le repas des faisans qui a lieu tous les jours, à 3 h., à la faisanderie du château, offre un curieux spectacle.

DE CHAMBORD A BLOIS

Par La Chaussée-du-Comte, Huisseau, Le Chateau
et Saint-Gervais.

Distance : **16** kil. **200** m. *Côtes :* **19** min.
Pavé : **8** min.

Nota. — Route agréable, légèrement ondulée.

Partant de l'hôtel du *Grand-Saint-Michel*, on prendra
à dr. le ch. qui, au début, montant légèrement, tourne
à dr. de la ferme, puis se dirige à plat, en ligne directe,
jusqu'à la porte de la Chaussée-du-Comte, située à la
sortie du parc.

Dans le village de la Chaussée-du-Comte (**3.3**), suivre
la r. devant soi (Côte : 5'). Celle-ci, serpentant sur un
plateau assez dénudé, domine d'une certaine hauteur
le *Cosson*, petite rivière qui coule à dr. dans le fond du
paysage. On traverse Huisseau (**2** — Côte : 2') en ayant
soin de continuer tout droit. Après une plaine, le ch.
descend un moment, puis longe à dr., en montant (8'),
d'abord la lisière du bois, ensuite le mur du *château
des Crotteaux*. On franchit le pont de la *ligne de Blois
à Romorantin ;* petite descente au village du Château (**3.5**) suivie d'un raidillon (2').

Le ch., sinueux et ondulé, dépasse successivement
les hameaux du Greffier et du Château-Rouge, traverse
la ligne du tramway de *Blois à La Motte-Beuvron*, et,

longeant quelque temps les rails, descend vers Vineuil, village situé à dr., de l'autre côté du Cosson. On atteint ainsi bientôt **Saint-Gervais** (**1.6** — Fromages renommés), où l'on rejoint la large r. de Blois à Cellettes (6) et à Contres (19 — direction de Châteauroux).

Ici, tourner à dr. pour se diriger directement vers Blois (Ch.-l. du dép. du Loir-et-Cher. — 23.512 hab.), ville précédée du faubourg de *Vienne*.

Ayant traversé le pont de Blois (**2** — Montée: 2'), bâti en dos d'âne au-dessus de la Loire, on arrive au pavé (8') de la rue *Denis-Papin*. Suivre cette rue jusqu'au pied d'un escalier monumental que décore la statue de Denis-Papin. Ici, tourner à g. et, ayant dépassé la place du *Marché-Neuf*, s'arrêter à l'excellent hôtel recommandé de *Blois*, situé au n° 3 de la rue *Porte-Côté* (**0.8** — Cafés: de *Blois*, voisin de l'hôtel; *Grand-Café*, 32, rue *Denis-Papin*.— Spécialités: faïence décorée et bijouterie, style Renaissance).

Visite de la ville et du château de Blois (environ 4 h.). — Sortant de l'hôtel de *Blois*, se diriger à dr. vers la place *Victor-Hugo*, ornée d'un square, sur laquelle s'élève à dr. l'église Saint-Vincent-de-Paul. Gravir l'escalier à g. et, par la rampe, encore à g., gagner la place qui précède le Château (ouvert tous les jours, de 7 h. du matin, en été, à partir de 8 h. en hiver, jusqu'à 5 h. du soir; rétribution, 50 c. — le Musée, indépendant du château, quoique voisin de la chapelle, est public le dimanche, de midi à 4 h., et visible tous les jours pour les étrangers; rétribution, 50 c.).

Le château de Blois, qui rappelle une partie de l'histoire de la France, aujourd'hui propriété de l'État, fut rebâti et agrandi par Louis XII, François Iᵉʳ et Gaston d'Orléans. Il renferme une série de splendides appartements, parmi lesquels on remarque les pièces où se déroula le sanglant épisode du meurtre du duc de Guise en 1588, et la fenêtre par laquelle s'évada Marie de Médicis, prisonnière de son fils Louis XIII.

Après la visite du château, traverser la place dans toute sa longueur (à dr., au n° 22, Hôtels du Cardinal d'Amboise et d'Épernon), puis descendre les escaliers situés à l'angle de la place, à dr. Au bas des marches, la rue *Saint-Martin*, à dr., conduit à la place *Louis XII*, décorée d'une fontaine monumentale. Traverser cette place, à dr., en laissant le Marché à g.; au fond de la place, prendre la deuxième rue à dr. du Théâtre, la rue *Saint-Lubin* (plusieurs anciennes maisons). Parvenu au croisement de la rue *Fossés-du-Château*, au pied des assises du château, abandonner la rue Saint-Lubin et descendre l'escalier à g. Au bas des degrés, longer à dr. l'église Saint-Nicolas pour gagner la place où se trouve situé le portail principal de l'église.

A la sortie de l'église Saint-Nicolas, on suivra à g. la rue des *Trois-Marchands* menant au bord de la Loire.

Ici, les quais de l'*Abbé-Grégoire* et de la *Saussaye*, à g., conduisent au *pont de Blois*. Laissant devant soi le quai et la promenade du *Mail*, qui s'étendent le long du fleuve, on tournera à g. dans la rue *Denis-Papin*; quelques m. plus loin, on prendra, encore à g., la rue parallèle du *Commerce*. Quitter cette rue à l'angle du n° 47, et suivre à dr. l'étroite rue *Neuve*. A l'extrémité de la rue Neuve, tourner à dr. sur le *Marché-Neuf*, puis gravir, à g., l'escalier monumental de la rue *Denis-Papin*.

Ayant atteint la statue de Denis-Papin, on traversera à g. la place *Saint-Honoré* pour aller visiter l'Hôtel d'Alluye (rétribution, 50 c.), situé au n° 10 de la rue.

Au sortir de l'Hôtel d'Alluye, remonter à g. la rue *Saint-Honoré* et, par son prolongement, la rue du *Palais*, gagner la place *Saint-Louis*, où s'élève la Cathédrale.

A g. de la cathédrale, franchir la grille d'entrée du palais de l'Evêché et, après avoir traversé deux cours, on pénétrera dans la promenade de l'Evêché (très belle vue sur la vallée de la Loire). Longer l'avenue de marronniers, puis, ayant monté quatorze marches, sortir de la promenade par une petite grille à g. Tourner, d'abord à g., ensuite, presque aussitôt, à dr., dans la rue des *Fourneaux*. Un peu plus loin, biaisant à g., on passe à côté de la Halle au Blé pour aboutir sur la place de la *République*, avec square. De l'autre côté de cette place, s'élève la Préfecture, contiguë à la Grande Poste.

Descendant à g. la rue d'*Angleterre*, qui s'ouvre entre la Grande Poste et le Palais de Justice, on rejoindra la route de Blois à Laval. Ici, tourner à g. et, laissant devant soi la rue *Porte-Chartraine*, on continuera à dr. par la rue du *Gallois*, tracée au-dessous de l'ancienne enceinte de la ville (vestiges de murs et deux tours).

Revenu à la place *Victor-Hugo*, tourner à g. dans la rue *Porte-Côté* qui ramène à l'hôtel. Auparavant, voir dans la petite rue *Chemonton*, à g., la maison du duc de Guise, située au n° 8.

Les ruelles du vieux Blois renferment quantité d'anciens hôtels et de vieilles maisons des XIII°, XIV°, XV° et XVI° s.

Excursion recommandée au départ de Blois. — La fontaine d'Orchaise et les ruines du château de Bury (33 kil. 800 m., aller et retour — Côtes: 47').

Cette excursion peut se combiner avec l'étape de *Blois* à *Amboise* (*V*. page 27).

Itinéraire: A la sortie de l'hôtel de *Blois*, se diriger à dr. vers le square de la place *Victor-Hugo* (Pavé: 1'). Contourner ce square à g., puis gravir (10'), à dr., la rampe de l'avenue *Victor-Hugo*; à l'entrée de cette avenue, remarquer à dr. un petit édifice gothique dit les *bains de la Reine-Anne*. Quelques m. plus loin, à hauteur de la fabrique *Rousset*, abandonner la direction de la gare, et monter la rue qui s'écarte à g.; celle-ci aboutit au pont du ch. de fer (**0.0**) qu'on traversera.

Après les deux pavillons de l'octroi, légère descente pour rejoindre une r., en bordure de l'avenue *Médicis*; continuant à g. (Montée 1'), on atteindra la lisière de la *forêt de Blois*, où se détache à g. (**2.1**) l'allée forestière de Bury qu'on négligera. Traversée de magnifiques futaies pendant six kil. (Côte: 2'), ensuite descente à Molineuf, sur la ravissante vallée de la *Cisse*. Dans le village, tourner à dr.; puis, laissant à g., près du café du *Pont* (**0.0**), la r. d'Orchaise (**2**) et d'Herbault (**7**) qui franchit la rivière, on continuera devant soi le ch. (Montée: 1') qui mène au hameau du *gué Taureau* (**1**).

Ici, quitter le ch. et prendre à g. un sentier entre des haies (à pied: 3'); on traverse la rivière sur une passerelle en bois pour aboutir, sur l'autre rive (**0.1**), à un ch. praticable pendant la belle saison. Ce ch., à dr., conduit au moulin d'Orchaise qu'on aperçoit dans la vallée, au pied de la colline. Près du moulin, se trouve à g. l'entrée de la grotte de la *fontaine d'Orchaise* (**0.0**). Autrefois on pouvait pénétrer profondément dans cette grotte; aujourd'hui l'accès en est interdit, la source ayant été captée pour fournir d'eau la commune d'Orchaise.

De la fontaine d'Orchaise, revenir sur ses pas, laisser à g. (**0.0**) le sentier de la passerelle du gué Taureau et continuer par le ch. longeant la colline; il rejoint (**0.7**), au delà d'un raidillon (1'), la r. d'Orchaise à Molineuf. Descendre cette r. à g. jusqu'aux maisons de Molineuf (**0.4**), où l'on prendra le premier ch. à dr. Celui-ci ayant gravi (6') la colline, plantée de vignes, incline à g. pour passer au-dessous de l'église isolée de *Saint-Secondin* (Raidillon: 1'), puis descend au village de Bury (**1.0**) situé au pied des ruines du *château de Bury*.

— Un sentier à dr. permet de monter à pied (20' aller et retour) aux ruines, qui sont enclavées dans une propriété particulière. On y voit les restes de tours et d'anciennes murailles, ainsi que de curieux souterrains. —

A Bury, le ch. de Chouzy infléchit à g., traverse la vallée, puis monte (2') à Chambon (1). Dans ce village, au puits, tourner à g. (Côte : 2'); ensuite, au delà de l'église, à dr. On redescend vers la vallée, mais, après deux montées (1' et 2'), on s'en écarte de nouveau, un moment, pour gravir une assez longue côte (12); belle vue.

Descente à La Guiche (1.3), comté jadis abbatial. Ici, le ch. s'élève à g. (2') et, après une courbe, gagne une bifurcation signalée par une croix en fer (0.7); continuer à g. Plus loin, on traverse une première fois la Cisse, près d'un moulin; ensuite une seconde fois, en arrivant à Chouzy (2.2 — café-restaurant du Commerce).

De l'autre côté de ce gros village, après le passage à niveau, on rejoint (0.6) la route de Blois (10.4) à Amboise (25.4); continuer dans l'une ou l'autre de ces directions (V. page 27).

Pour mémoire. — De **Blois** à **Chartres**, par Villebaron (5), Pontijon (11), Oucques (11 - Hôt. *Maillet*), Viévy-le-Rayé (5), Écoman (3), Moisy (3), La Ferté-Vilneuil (4), **Châteaudun** (10 — Ch.-l. d'arr. — 7.460 hab. — Hôt. de la *Place*), Marboué (6), Flacey (3), Bonneval (5 — Hôt. de *France*), Vitray-en-Beauce (11), La Bourdinière (5), Thivars (7), Luisant (6) et Chartres (2 — Ch.-l. du dép. d'Eure-et-Loir. — 23.182 hab. — Hôt. du *Grand-Monarque*).

De **Blois** au **Mans**, par Fossé (7), La Chapelle-Vendômoise (5), Le Breuil (4), Villeromain (6), Le Temple (8), **Vendôme** (2 — Ch.-l.-d'arr. — 9.777 hab. — Hôt. du *Lion-d'Or*), Azé (0), Épuisay (8), **Saint-Calais** (15 — Ch.-l. d'arr. — 3.627 hab. — Hôt. de *France*), Montaillé (5), Bouloire (11 — Hôt. du *Croissant*), La Coquillère (14), Yvré-l'Évêque (7) et le Mans (7 — Ch.-l. du dép. de la Sarthe. — 60.075 hab. — Hôt. de la *Boule-d'Or*).

De **Blois** à **Angers**, par Molineuf (10), Orchaise (2), Herbault (5 — Hôt. *Ricois*), Saint-Nicolas-des-Motets (7), Châteaurenault (10 — Hôt. de l'*Écu-de-France*), Saint-Laurent-du-Lin (10), Beaumont-la-Ronce (10 — Hôt. des *Trois-Marchands*), La Roue (8), Neuillé-Pont-Pierre (3 — Hôt. *Sainte-Barbe*), Château-la-Vallière (17 — Hôt. de l'*Écu*), Marcilly-sur-Maulne (7), Noyant (10 — Hôt. du *Lion-d'Or*), **Baugé** (17 — Ch.-l. d'arr. — 3.311 hab. — Hôt. du *Lion-d'Or*), Echemiré (5), Jarzé (5 — Hôt. *Bélard*), Suette (10 — Hôt. du *Cheval-Blanc* à Seiches), Bourg-Joli (2), Pellouailles (8) et Angers (10 — V. page 50).

De Blois à Bourges, par Saint-Gervais (3), Clénord (7), Cour-Cheverny (4 — Hôt. des *Trois-Marchands*), Cheverny (1 — Hôt. *Saint-Éloi*), Saint-Hubert (7), Mur-de-Sologne (10 — Hôt. du *Lion-d'Or*), **Romorantin** (12 — Ch.-l. d'arr. — 7.972 hab. — Hôt. du *Lion-d'Or*), Montplaisir (1), Villefranche (7), Langon (5), Menetou-sur-Cher (4 — Hôt du *Lion-d'Or*), Tenioux (6), Méry (5), Vierzon (5 — Hôt. du *Bœuf*), Mehun-sur-Yèvre (16 — Hôt. *Charles VII*), Beauregard (2) et Bourges (14 — Ch.-l. du dép. du Cher. — 43.587 hab. — Hôt de la *Boule-d'Or*).

De Blois à Châteauroux, par Saint Gervais (3), Celettes (5), Cormeray (5), Contres (8 — Hôt. du *Lion-d'Or*), Chémery (10), Selles-sur-Cher (10 — Hôt. du *Lion-d'Or*), La Vernelle (3), Fontguenaud (3), Valençay (7 — Hôt. d'*Espagne*), La Taupellière (7), Levroux (11 — Hôt. du *Cheval-Blanc*), Vineuil (9) et Châteauroux (11 — Ch.-l. du dép. de l'Indre. — 23.863 hab. — Hôt. de *France; Sainte-Catherine*).

De Blois à Loches, par **Beauregard**, **Cheverny**, Montrichard et **Chenonceaux**, V., en sens inverse, les itinéraires des pages 19 et 88.

DE BLOIS A AMBOISE

PAR CHOUZY, CHAUMONT, RILLY, MOSNES ET CHARGÉ.
Distance : **35** kil. **100** m. *Côtes :* **25** min.

Nota — Cette excellente route, à peu près plate, ne présente que quelques courtes montées insignifiantes.

N'étant pas pressé, on pourrait comprendre l'excursion à la fontaine d'Orchaise et aux ruines du château de Bury dans l'étape de Blois à Amboise, en allongeant de treize kil. environ. Dans ce cas, se rendre de Blois à Chouzy, comme il est indiqué à l'itinéraire de l'excursion *recommandée au départ de Blois*, page 24.

De Blois à Chaumont, une autre route, plus accidentée, sur la rive g., traverse la Loire au pont de Blois pour passer ensuite par Chailles (7.8) et Villelouet (1.8); elle s'élève sur un large plateau, puis gagne la bifurcation des Quatre-Vents (1.2), où, laissant à g. la direction de Montrichard, elle continue à dr. vers Candé (3.5) et Chaumont (6.5).

Au départ de l'hôtel de *Blois*, se diriger à dr. vers le square de la place *Victor-Hugo* (Pavé 1') Contourner ce square à g., et gravir (10') la rampe de l'avenue *Victor-Hugo*. Celle-ci conduit à la gare du ch. de fer où l'on tournera à g. sur le boulevard de l'*Ouest*.

On longe la ligne pour passer sous le pont de la r. de Molineuf, puis, après avoir coupé la rue *Augustin-Thierry*, on gagne les bords de la *Loire* par une descente qui aboutit au quai des *Imberts*, à l'angle des abattoirs et de l'octroi.

Tournant alors à dr., on jouira d'une vue splendide sur le beau fleuve, dont le cours majestueux, à travers la gracieuse et paisible Touraine, si bien dénommée le Jardin de la France, accompagnera le cycliste pendant la plus grande partie du voyage.

A partir d'ici, la r., exhaussée en talus, sert de digue contre les inondations possibles et prend le nom de *levée de la Loire*.

De Blois à Chouzy (**10.4**), grand bourg laissé à six cents m. à dr., deux seules petites montées, longues de trois cents et cent m. Entre Chouzy et le pont suspendu d'Ecure (**6**), on roule sur une véritable piste que de magnifiques peupliers ombragent par intervalles.

Au hameau d'Ecure, abandonnant la r. d'Amboise (19.4), par Veuves (5.2) et la rive dr., on traversera le pont à g. Sur l'autre bord, tourner à dr. dans le village de Chaumont (**0.9**), et s'arrêter pour déjeuner à l'hôtel de l'*Avenue-du-Château*.

Pour visiter le château (20' ; visible tous les jours en l'absence du propriétaire, M. le prince A. de Broglie, et le jeudi seulement, après-midi, quand il y réside ; gratification, 50 c.), on dépassera l'hôtel de quelques m. et l'on pénétrera dans le parc, à g., par la grille située à l'angle des deux chemins. Une jolie allée ombragée gravit la colline (10' — vue splendide, près des bancs à dr.) et conduit au pont-levis du **château de Chaumont (0.8).**

Le château, autrefois domaine des comtes de Blois, rebâti au XVI° s. par la famille d'Amboise, fut ensuite habité par Diane de Poitiers, qui le céda à Catherine de Médicis contre le château de Chenonceaux. A l'intérieur, luxueux appartements décorés de superbes tapisseries.

Si l'on est venu à bicyclette, en sortant du château on pourra suivre la petite allée à dr. Parvenu devant un pont rustique, incliner à g. et s'engager dans un passage, resserré entre deux murs, conduisant aux communs du château. Ici, tourner à dr. et descendre (à pied : 5') le ch. rocailleux qui ramène à la r., au pied de la colline.

La r. d'Amboise, par la rive g. de la Loire, aussi bonne dans la belle saison que celle de la rive dr., est plus pittoresque, raccourcit d'environ trois kil. et ne présente que deux ou trois montées insignifiantes. On la choisira donc de préférence, à la descente du château de Chaumont.

Traversée successive des villages de Rilly (1) et de Mosnes (3 — Hôt. et café du *Commerce*), puis on dépasse une petite propriété dont le jardin est orné de statuettes de tous styles. Au hameau de la Callonnières, dont les granges et les caves sont creusées dans la roche calcaire, on rejoint la Loire. Laissant à g. le village de Chargé (**6**) défendu contre les crues du fleuve par une digue en pierre et terre qui borde la r. à dr., on ne tarde pas à apercevoir le pont et la ville d'Amboise (Ch.-l. de c. — 4.463 hab.). S'arrêter à l'entrée du quai à l'hôtel recommandé du *Lion-d'Or* (4 — Café *Bellevue*).

Visite de la ville et du château d'Amboise (environ 1 h. 3/4). — A la sortie de l'hôtel du *Lion-d'Or*, suivre à g. le quai *Charles Guinot*; tourner ensuite à g. dans la courte rue du *Marché*, entre l'Hôtel de Ville (on peut visiter; gratification, 50 c.) et l'église Saint-Florentin.

Parvenu sur la place du *Château*, une rampe, à g., mène à l'entrée du Château.

Le château d'Amboise devint, au xv° s., une propriété royale habitée tour à tour par Louis XI, Charles VIII, Louis XII et François I°. Reconstruit par Charles VIII sur l'emplacement d'un ancien donjon, il évoque à la mémoire la fameuse conjuration formée par Condé et les huguenots, en 1560, contre François II, Catherine de Médicis et les Guises. Cette importante forteresse, restaurée par le comte de Paris, est aujourd'hui en partie transformée en maison de retraite destinée aux anciens serviteurs de la famille d'Orléans (pour visiter, s'adresser au concierge; gratification, 50 c.).

A la descente du château, la rue *Nationale*, à g., passe sous la tour du Belfroi, et, plus loin, au dessus de la rivière de l'*Amasse*, A l'extrémité de la rue, on atteint une petite place triangulaire au pied du monticule sur lequel s'élève l'église Saint-Denis-Hors.

Après avoir vu cette église, redescendre à la place et suivre à g. la rue de *Tours*. La première ruelle, à dr., ramènera au quai de la Loire, vis-à-vis la promenade. Tournant à dr., on passe devant l'Obélisque, érigé à la mémoire de *Chaptal*, pour regagner l'hôtel.

Pour mémoire. — **D'Amboise à Saint-Calais,** par Pocé (3), Saint-Ouen (4), Autrèche (6), Châteaurenault (12 — Hôt. de l'Ecu-de-France), Neuville (4), Authon (3), Saint-Arnoult (6), Montoire (5 — Hôt. du *Cheval-Rouge*), Savigny (14 — Hôt du *Croissant*) et Saint-Calais (15 — Ch.-l. d'arr. — 3.627 hab. — Hôt. de *France*).

D'Amboise à Montrichard (*V.* page 90), 19 kil.

D'Amboise à Chenonceaux, deux routes :

A. — par la pagode de Chanteloup (2 — à dr. à cinq cents m. de la r.), La Croix-de-Bléré (7), Civray (4.5) et Chenonceaux (1.5).

B. — par Civray (11.5) et Chenonceaux (1.5).

La r. directe ci-dessus, d'Amboise à Civray, quoique bonne, est moins suivie à cause de ses nombreuses côtes.

D'Amboise à Loches, par La Croix-de-Bléré (0), Bléré (1 — Hôt. du *Cheval-Blanc*), Sublaines (9), Saint-Quentin (8) et Loches (10 — *V.* page 86).

D'AMBOISE A TOURS

Par Nazelles, Noizay. Vertou, Vouvray
et Sainte-Radegonde.

Distance : **25** kil. **700** m. *Côte :* **1** min. *Pacé :* **8** min.

Nota. — Cet itinéraire, sans côtes, est souvent préféré à la route d'Amboise à Tours, sur la rive g. de la Loire, par Lussault (5.5), Montlouis (7.5) et Tours (12), et a celle d'Amboise à Vouvray, sur la rive dr. du fleuve, par Négron (3), La Frillière (10 6) et Vouvray (3), toutes deux cependant agréables pendant la belle saison.

A la sortie de l'hôtel du *Lion-d'Or*, gravir vis-à-vis la rampe du pont (1') et franchir la *Loire*. Parvenu à l'extrémité du premier pont. jeter un coup d'œil en arrière sur la ville d'Amboise offrant d'ici une très belle vue. A dr , apparait la *pagode de Chanteloup*, ancien rendez-vous de chasse du duc de Choiseul, situé à mi-colline sur la lisière de la forêt d'Amboise.

Après le second pont, on pourrait se rendre directement à Vouvray par la *levée de la Loire*, bordant le fleuve à g., en passant à la Frillière, ce qui raccourcirait d'environ trois kil.; néanmoins, la levée laissant parfois à désirer entre Amboise et Vouvray, il vaudra mieux passer par Nazelles.

Descendre, vis-à-vis le pont et un peu à dr., la petite rue de *Nazelles*, à g. du café du *Midi*, puis traverser dans toute leur largeur les prairies de la vallée. On franchit le passage à niveau de la *ligne d'Orléans à Tours*; ensuite la r., plate, atteint Nazelles au delà du pont en dos d'âne jeté sur le ruisseau du *Bray*.

Dans Nazelles (3), parvenu à la hauteur du café du *Bon-Vigneron*, s'engager à g. sur le ch. de Vouvray par Noizay. Ce joli ch. longe le pied de coteaux plantés de vignes parmi lesquelles s'élèvent quelques gracieuses villas et maisons adossées à des rochers.

Après Noizay (**5**), on suit un moment la rivière de la *Cisse*; ensuite le ch. se dirige à dr., mais, abandonnant bientôt la direction de Chançay (5.3), traverse à g., sur deux ponts, la rivière de la *Brême* à Vernou (**1**), un des plus anciens et coquets villages de la Touraine. Ayant franchi le passage à niveau de la *ligne de Tours à Blois*, on arrive à Vouvray (**1.2** -- Ch.-l. de c. -- 2.361 hab. -- Hôt. *Saint-Éloi*), pays renommé pour ses excellents vins blancs.

Quelques m. après avoir dépassé l'hôtel Saint-Éloi, on tournera à g., en suivant la ligne du télégraphe et celle du tramway, pour aller rejoindre la levée de la Loire. A dr., sur la colline, le joli *château de Moncontour*; à g., dans le lointain, la ville de Tours apparaît. Le paysage est ici remarquable et le cycliste ralentira pour mieux l'admirer.

Deux kil. plus loin, on passe au pied de la *lanterne de Rochecorbon*, petite tour du XVe s., dernier reste d'une forteresse aujourd'hui disparue. Sur cette tour, les seigneurs de Corbon allumaient jadis des feux pour prévenir leurs alliés d'Amboise lorsqu'ils avaient à repousser une attaque des comtes de Touraine.

Deux kil. environ encore plus loin, en atteignant le quai *Sainte-Radegonde*, on aperçoit sur la colline, à dr., les ruines de l'enceinte fortifiée de l'ancienne *abbaye de Marmoutier* dont on dépasse bientôt la porte d'entrée (visible tous les jours; aumône pour les pauvres).

Parvenu à la grille de l'octroi de Tours (Ch.-l. du dép. d'Indre-et-Loire. -- 63.267 hab.), pour éviter le pavage, traverser à g. le pont suspendu de *Saint-Symphorien* (péage, 5 c.); puis tourner à dr. par les quais du *Vieux-Pont* et de *Foire-le-Roi* (Pavé : 8') qui conduisent, à hauteur du *Grand-Pont* de pierre (**9.5**), sur la place de l'*Hôtel-de-Ville* décorée de deux squares.

Prendre à g. la rue *Nationale*, entre le bâtiment du Musée et celui de l'Hôtel de Ville. A dr., dans cette rue, est situé, au n° 17, l'hôtel recommandé du *Faisan* (Cafés du *Commerce*; de la *Ville* aux nos 30 et 16 de la rue Nationale).

Visite de la ville de Tours (environ 5 h.). — A la sortie
de l'hôtel du *Faisan*, suivre à g. la rue *Nationale* jusqu'à la place
de l'*Hôtel-de-Ville*, vis-à-vis le grand pont de Tours. Visiter, à
dr., le Musée (public le dimanche et le jeudi, de midi à 4 h., et
visible tous les jours pour les étrangers, s'adresser au concierge ;
rétribution, 50 c.).

Après avoir vu le musée, revenir à la rue *Nationale*, puis prendre la rue *Colbert*, la première à g.: à l'entrée de cette rue, à g.,
se trouve le portail latéral, généralement ouvert, de l'église Saint-
Julien.

Parcourir la rue Colbert dans toute sa longueur en laissant à g. la
place *Foire-le-Roi*, où s'élève l'Hôtel de Jehan de Galland, argen-
tier de Louis XI. A l'extrémité de la rue Colbert, près d'une caserne, tourner à dr. dans la rue *Saint-Maurice*, qui traverse la place
de la Cathédrale (ne pas manquer de faire l'ascension de la tour ;
vue magnifique ; rétribution, 1 fr.), et conduit, un peu plus loin, à
la place de l'*Archevêché*. Ici, tourner à dr. en longeant le square,
puis suivre la rue de la *Scellerie* devant soi.

A hauteur de la façade du Théâtre Municipal, la rue *Corneille*, à
g., va couper la rue de l'*Archevêché* et se prolonge par la rue *Buffon* menant à la place de la *Préfecture*. Traverser cette place pour
continuer la rue Buffon qui aboutit au boulevard *Heurteloup*, vis-
à-vis la place de la *Gare*.

Tournant à dr. sur le boulevard Heurteloup, on arrivera à la place
demi-circulaire du *Palais-de-Justice* sur laquelle sont situés le nou-
vel Hôtel de Ville et le Palais de Justice. Ici, passer à dr. entre ces
deux monuments et descendre la rue *Nationale*, centre du mouve-
ment de la ville, jusqu'à la quatrième rue à g., la rue des *Halles*.
Dans celle-ci, à hauteur du n° 81, se dresse à dr. la tour Charle-
magne et, à g., se trouve l'entrée de la basilique Saint-Martin (pèlerinage au tombeau de Saint-Martin).

Continuant la rue des Halles, on passe devant la tour de l'Horloge pour arriver à la place des Halles.

Ici, tourner à dr. sur la place contiguë du *Grand-Marché*, en
remarquant à dr., au n° 56, une belle porte gothique. A l'extrémité
de la place, suivre à g. la rue du *Grand-Marché* conduisant à la
place *Victoire* (marché à la ferraille), décorée du buste du général
Meusnier de la Place. Continuant, vis-à-vis, par la rue de *La Riche*,
on arrive bientôt à l'église de Notre-Dame de La Riche.

Contourner cette église à dr. et, par la rue *Alleron*, gagner le quai
du *Port-de-Bretagne*.

Suivre le quai à dr., en laissant à g. le *pont suspendu de Saint-
Cyr*. Après le quai de la *Poissonnerie*, vient le quai du *Pont-Neuf*.
Sur ce quai, parvenu à l'angle de la maison portant le n° 7, pren-
dre à dr. la rue *Saint-Saturnin*.

Dépassé le portail de l'église de ce nom, traverser à dr. la petite place des *Carmes*; puis s'engager dans une série de ruelles en prenant à dr. la rue de la *Lamproie*, ensuite, presque aussitôt à g., la rue *Dorée* qui, prolongée par la rue des *Joulins*, aboutit enfin à la rue *Briconnet*.

Tournant à g. dans cette dernière, on verra à g., au n° 16, la maison de Tristan-l'Hermite (on peut visiter, s'adresser au concierge, rétribution, 50 c.).

La rue Briconnet débouche sur la place *Plumereau*, où, suivant à g. la rue du *Commerce*, qui passe devant la remarquable maison Gouin, située au n° 35, on regagnera la rue *Nationale*, dans le voisinage de l'hôtel du *Faisan*, à dr.

Tours renferme en outre de nombreuses maisons des XII°, XIV°, XV° et XVI° s.

Excursions recommandées au départ de Tours. — Saint-Avertin et le château de Plessis-les-Tours (17 kil. 200 m., aller et retour. — Pavé : 19').

Itinéraire : Quittant l'hôtel du *Faisan*, monter à dr. la rue *Nationale* dans toute sa longueur (Pavé : 10'); traverser la place du *Palais-de-Justice*, puis prendre, vis-à-vis, l'avenue de *Grammont* en longeant la ligne du tramway. Ayant traversé deux fois la voie du ch. de fer, sous une voûte et sur un pont, on franchit ensuite le *Cher* (**2.8**). Douze cents m. plus loin, au pied du *château de Grammont* (**1.2**), abandonnant à dr. la r. de Châtellerault (64), on tournera brusquement à g. pour se diriger vers Saint-Avertin (**2** — Café-rest. *Fouqueux*), charmant village sur le Cher, promenade favorite des Tourangeaux.

A Saint-Avertin, traversant le *Cher*, on longera un moment la rive dr. de cette rivière pour aller rejoindre (**1.3**) le canal du *Cher à la Loire*. Suivre le bord du canal jusqu'à la *Loire* (**2.3**), où, tournant à g., on reviendra par les quais *Saint-Pierre-des-Corps*, du *Vieux-Pont* et *Foire-le-Roi* (Pavé : 5') à la place de l'*Hôtel-de-Ville* de Tours (**1.3**).

Ici, dans le cas où l'on n'aurait pas l'intention de faire plus tard l'excursion de Savonnières (*V.* page 31), qui permet en revenant d'aller visiter le château de *Plessis-les-Tours* (*V.* page 35), on continuera la promenade comme il est indiqué ci-dessous.

Traversant la place de l'*Hôtel-de-Ville* (Pavé : 2') et la terrasse des *Carmélites*, on suivra les quais du *Pont-Neuf*, de la *Poissonnerie* et du *Port-de-Bretagne*; puis, arrivé vis-à-vis la place du *Champ-de-Mars*, le boulevard *Preuilly*, à g. On longe le mur du quartier de cavalerie pour aboutir sur la place *Louis-Desmoulins*, vis-à-vis la *porte de La Riche* (**1.3**). Hors la ville, la deuxième rue à g. conduit directement au fameux *château de Plessis-les-Tours* (**1.3**), résidence favorite de Louis XI, où ce roi mourut.

Ce château, dont il ne reste plus qu'un corps de bâtiment construit en briques, dominé par une petite tourelle, est tombé dans un état de délabrement lamentable. Des paysans l'occupent et font encore voir les souterrains ainsi que le cachot d'aspect sinistre où fut enfermé le cardinal de La Balue, prisonnier dans sa cage de fer.

Revenir à Tours (**3.1** — Pavé : 2) par le même ch. suivi à l'aller.

Les caves gouttières de Savonnières et le **château de Villandry** (**33 kil. 900** m., aller et retour. — Côtes : 2' — Pavé : 15').

Itinéraire : Sortant de l'hôtel du *Faisan*, suivre à dr. la *rue Nationale* (Pavé : 10') dans toute sa longueur, traverser la place du *Palais-de-Justice* ; puis, dans l'avenue *Grammont*, vis-à-vis, prendre la deuxième rue à dr. la rue d'*Entraigues*. Dans celle-ci, la neuvième rue à g., la rue de *Chinon*, prolongée par la rue *Saint-Sauveur*, mène au pont du ch. de fer voisin de celui du *Cher* (Montée : 1').

A la descente de ce deuxième pont, quitter (**3.6**) la r. de Joué-les-Tours (**2.4**) et prendre à dr. le ch. de Savonnières. Il traverse la plaine, en biais, puis longe, presque toujours à plat, de bas coteaux. Au village de Savonnières, laissant à dr. (**10.7**) un pont métallique sur le Cher, qu'on traversera au retour, on continuera tout droit jusqu'à la dernière maison de la commune, située à g., sur le bord du ch., à neuf cents m. du pont (**0.9**).

Dans le jardin de cette propriété se trouvent les *caves gouttières*, ou grottes pétrifiantes, à travers les voûtes desquelles filtrent constamment des eaux chargées de sels calcaires dont les dépôts forment des cristallisations remarquables. Ces caves, qui constituent une curiosité digne d'être visitée, sont ouvertes au public à partir de midi (entrée : 2 fr. de 1 à 4 personnes, 50 c. par personne en sus ; durée de la visite, 20').

Au delà des caves gouttières, le ch. traverse un petit bois et mène au *château de Villandry* (**1.5**), dont la façade monumentale se montre à g., au delà d'une grille et d'une cour d'honneur. Ce château, bâti au XVIe s. sur l'emplacement d'un château plus ancien, célèbre par le traité de paix conclu en 1189 entre Philippe-Auguste et Henri II d'Angleterre, est entouré d'un beau parc qui renferme des sources ferrugineuses. Deux cents m. plus loin, on atteint le village de Villandry (**0.2**).

De Villandry, revenir au pont de Savonnières (**2.6**) ; traverser le Cher, ensuite continuer à dr. Après avoir dépassé la station de Savonnières (**1.7**), on rejoindra (**0.7**) la levée de la *Loire* (Montée : 1'), sur laquelle on tournera à dr. ; de l'autre côté du fleuve, apparaît le *château de Luynes* (*V.* page 39). Le ch., parfois poussiéreux, passe à Saint-Genouph (**1.5**), puis, atteignant une ferme (**2.7**), s'écarte de la *levée* désormais peu recommandable.

Parvenu à hauteur de l'église Sainte-Anne (**2.1**), dans le faubourg de La Riche, on laisse à dr. la rue *Martinau* (par laquelle on peut se rendre au *château de Plessis-les-Tours*, situé à huit cents m. de l'église. A l'extrémité de la rue *Martinau*, tourner à dr. ensuite à g. dans la rue du *Doyenné*. Celle-ci aboutit sur un ch. qu'on prendra à dr.; plus loin, à la première bifurcation, continuer à g. pour arriver devant le portail du château de Plessis-les-Tours. *V*. page 33).

On atteint l'entrée de la ville de Tours à la *porte de La Riche* (**0.9**). De l'autre côté de la porte, tourner à g., puis, de suite à dr., sur le boulevard *Preuilly* qui longe le mur du quartier de cavalerie. Après la place du *Champ-de-Mars*, les quais *Port-de-Bretagne*, de la *Poissonnerie* et du *Pont-Neuf* ramènent à la place de l'*Hôtel-de-Ville* (Pavé : 5'). Tourner à dr. dans la rue *Nationale* pour regagner l'hôtel du *Faisan* (**1.8**).

La colonie agricole et pénitentiaire de Mettray et les ruines du château de Semblançay (15 kil. 100 m., aller et retour, pour Mettray seul ; ou 33 kil. 600 m., aller et retour, avec Semblançay).

Itinéraire : A l'extrémité de la rue *Nationale* (Pavé : 10'), traverser la place de l'*Hôte'-de-Ville*, puis le magnifique pont sur la *Loire*. De l'autre côté du fleuve, à la place *Choiseul*, franchir la grille devant soi pour monter (12') l'avenue de la *Tranchée*, aboutissant à la place du même nom, à la bifurcation (**1.0**) des r. de *Monnaie* (13.4) et de *La Membrolle* (4.8). Prendre celle-ci à g., et aussitôt, la première rue à dr., la rue des *Bordiers*, début du ch. de Mettray et de Rouziers. Légère montée suivie de faibles ondulations sur la plaine. Arrivé près d'une habitation, appelée *La Pelouse* (**3**), on abandonnera le ch. de Rouziers (10) et l'on montera à g. (Côtes : 2' et 6') le ch. de la Colonie. Descente vers un étroit vallon pour franchir le pont du ch. de fer, puis remonter (4' et 2') devant le *château de la Ribellerie*.

On traverse le village de la Colonie et, ayant dépassé deux hôtels, on atteint un croisement de ch. près de barrières peintes en blanc. Sur le ch. à dr., a 50 m., se trouve l'entrée de la *colonie de Mettray* (**2.7**), ou maison disciplinaire pour les jeunes détenus que les tribunaux ont acquittés, mais qui cependant doivent être envoyés dans une maison de correction jusqu'à un certain âge (visible le dimanche, de 1 h. à 4 h ; les autres jours avec une permission du directeur ; s'adresser au concierge).

De la colonie, on peut revenir directement à Tours ou bien continuer l'excursion jusqu'aux ruines du château de Semblançay, en allongeant de dix-huit kil. (*V*. page 36).

Dans le premier cas, le retour s'effectuera soit par le même itinéraire qu'à l'aller, soit, pour varier, comme il est indiqué ci-dessous.

A la sortie de la colonie, croisant la r. par laquelle on est venu, suivre, à l'angle du réverbère, le ch. qui s'ouvre entre un mur et une haie. Il infléchit à dr., en laissant à g. une sablière, descend dans un ravin, en bordure de landes, puis traverse un taillis de jeunes chênes. Mauvaise descente (à pied : 8') jusqu'au passage à niveau du ch. de fer, dans les fonds de la vallée de la *Choisille*. De l'autre côté de la ligne, le ch. à g., très pittoresque, s'améliore. On découvre à dr., entre les arbres, l'église blanche de La Membrolle et, après une petite montée (1'), on rejoint (2) la r. nationale de Tours au Mans près du pont sur la Choisille; tourner à g. Longue côte de onze cents m. (15'), puis la r., en ligne droite, descendante, mène à la place de la *Tranchée* (1.5) et de là à Tours (1.6 — Pavé : 10').

Pour se rendre de la colonie du Mettray (*V.* page 35) aux ruines du château de Semblançay, on devra passer par le village de Mettray (0.9 — à 2 kil. au Nord, le *dolmen* de la Rechaussée, sur le bord de la Choisille) pour aller rejoindre (1.5), après avoir traversé la vallée de la Choisille et la ligne du ch. de fer, la r. nationale de Tours au Mans.

Suivre à dr. cette magnifique r. jusqu'au hameau de la Pailleterie (0.3), situé au croisement du ch. de Rouziers (4.3) à Semblançay.

Ici, tournant à g., on arrivera au pied des ruines du *château de Semblançay* (1.5), forteresse du xi° s., batie, au milieu d'un délicieux paysage, par le célèbre comte d'Anjou Foulques Nerra.

Retour par le même itinéraire jusqu'au ch. de Mettray (7.8); puis, par La Membrolle (1.5) et le pont de la Choisille (0.7), regagner Tours (6.1).

Pour mémoire. — De **Tours** à **Chartres**, par Monnaie (16 — Hôt. *Ténèbre*), La Roche (12), Châteaurenault (3 — Hôt. de l'*Ecu-de-France*), Neuve-Saint-Amand (13), **Vendôme** (13 — Ch.-l. d'arr. — 9.777 hab. — Hôt. du *Lion-d'Or*), Lisle (8), Pezou (3), Saint-Hilaire (10), Cloyes (7 — Hôt. *Saint-Jacques*), **Châteaudun** (11) et Chartres (45 — *V.*, page 25, de *Blois à Chartres*).

De Tours au Mans, deux routes :

A. — Par La Membrolle (7), Neuillé-Pont-Pierre (14 — Hôt. *Sainte-Barbe*), Dissay (14), Coemon (4), Château-du-Loir (2 — *Grand-Hôtel*), Luceau (3), Laille (10), Ecommoy (7 — Hôt. de *France*), Mulsanne (9), Les Mortes-Aures (6) et Le Mans (6 — Ch.-l. du dép. de la Sarthe. — 60.075 hab. — Hôt. de la *Boule-d'Or*).

B. — Par Beaumont-la-Ronce (**21** — Hôt. des *Trois-Marchands*), Chemillé-sur-Dême (**10**), La Chartre-sur-Loir (**11** — *Grand-Hôtel*), L'Homme (**3**), Saint-Pierre du-Lourouër (**6**), Saint-Vincent (**5**), Grand-Lucé (**5** — Hôt. du *Château*), Parigné-l'Evêque (**11**) et Le Mans (**15**).

De **Tours** à **Bourges**, par Montlouis (**10** — Hôt. des *Voyageurs*), Saint-Martin-le-Beau (**8** — Hôt. de la *Boule-d'Or*), Dierré (**4**), La Croix-de-Bléré (**3**), Civray (**4**), **Chenonceaux** (**2** — *V.* page 90), Montrichard (**10** — *V.* page 90), Thésée (**9**), Noyers (**10**), Selles-sur-Cher (**13** — Hôt. du *Lion-d'Or*), Villefranche (**18**) et Bourges (**57** — *V.*, page 26, de *Blois à Bourges*).

Ou Tours, Saint-Avertin (**6** — *V.* page 33), Larcay (**4**), Veretz (**2**), Azay-sur-Cher (**3.5**), Bléré (**12.5** — Hôt. du *Cheval-Blanc*) et Chenonceaux (**10.5**).

Ce dernier itinéraire, qui longe la vallée du Cher depuis Saint-Avertin, a l'inconvénient d'être plus accidenté que celui par Montlouis. Le cycliste se rendant en excursion de Tours à Chenonceaux pourra néanmoins le suivre au retour.

De **Tours** à **Châteauroux**, par Le Chêne-Pendu (**10**), Les Reçais (**5**), Cormery (**4** — Hôt. du *Croissant*), Petite-Bergeçesse (**10**), Chambourg (**4**), **Loches** (**7** — *V.* page 86), Perrusson (**4**), Saint-Martin (**2**), Fléré-la-Rivière (**5**), Torelay (**5**), Châtillon-sur-Indre (**1** — Hôt. de la *Croix-Verte*), Forges (**2**), Clion (**5**), Luchet (**3**), Brisepaille (**5**), Buzançais (**8** — Hôt. du *Soleil-d'Or*), Tesseau (**2**), Chambon (**5**), Villedieu-sur-Indre (**3**) et Châteauroux (**13** — Ch.-l. du dép. de l'Indre. — 23.863 hab. — Hôt. de *France*; *Sainte-Catherine*).

Ou Tours, Montbazon (**13**), Esvres (**6**), Cormery (**4.5**), Reignac (**8.5**), Azay-sur-Indre (**3**), Chambourg (**4**) et Loches (**7**).

Ce dernier itinéraire, qui longe la vallée de l'Indre depuis Montbazon, sera choisi de préférence par le cycliste se rendant en excursion de Tours à Loches.

De **Tours** à **Poitiers**, par Montbazon (**13** — Hôt. du *Croissant*), Sorigny (**5**), Sainte-Catherine-de-Fierbois (**12**), Sainte-Maure (**4** — Hôt. du *Cheval-Blanc*), La Celle-Saint-Avant (**10**), Port-de-Piles (**2**), Les Ormes (**3**), Dangé (**4** — Hôt. de l'*Espérance*), Ingrande (**8**), **Châtellerault** (**7** — Ch.-l. d'arr. — 20.014 hab. — Hôt. de l'*Univers*), Les Barres-de-Nabaré (**8**), La Tricherie (**5**), Gare de Clain (**8**), Grand-Pont (**5**) et Poitiers (**6** — Ch.-l. du dép. de la Vienne. — 38.518 hab. — Hôt. des *Trois-Piliers*).

DE TOURS A AZAY-LE-RIDEAU

PAR PORT-DE-LUYNES, LUYNES, CHAPPE-LA-ROUELLE, PONT-DE-BRENNE, CINQ-MARS, LANGEAIS ET LIGNIÈRES.

Distance : **31** kil. **500** m. *Côtes :* **36** min.
Pavé : **6** min.

Nota. — Etape courte permettant de voir dans la même journée les châteaux de Luynes, de Langeais et d'Azay-le-Rideau.

S'arranger pour arriver à Azay-le-Rideau vers 5 h., le château n'étant ouvert que de 1 h. à 7 h., on ne pourrait le visiter le lendemain matin avant le départ.

Très bonne route ; une seule côte de quinze cents m. après Lignières.

La route directe de Tours à Azay-le-Rideau, par Joué-les-Tours (6 — *V.* page 31) et Azay-le-Rideau (19), moins intéressante, traverse un long plateau assez monotone, coupé par la forêt de Villandry, large de trois kil., puis descend rapidement vers Azay-le-Rideau, dans la vallée de l'Indre.

Quitter Tours par la place de l'*Hôtel-de-Ville* (Pavé : 2') et tourner à g. sur la *terrasse des Carmélites* pour se diriger ensuite, par les quais du *Pont-Neuf* et de *La Poissonnerie*, vers le pont suspendu de *Saint-Cyr* ou *Bonaparte*. Traversant ce pont (péage, 5c. — vue magnifique) on rejoint (1), de l'autre côté du fleuve, la *levée de la Loire* qu'on suivra à g.

Cinq cents m. plus loin, on passe devant l'église de Saint-Cyr ; puis, laissant à g. le beau pont en pierre, dit le *pont de La Motte*, de la *ligne de Vendôme*, on franchit (**2.2**) la petite rivière de la *Choisille*. A dr., au milieu d'une jolie pelouse, s'élève le *château du Grand-Martigny* (**1.8**), situé sur l'emplacement d'une ancienne abbaye où séjourna Saint-Martin.

Parvenu à hauteur de la *borne 43*, au hameau de Port-de-Luynes (**5**), abandonner la r. de Langeais et prendre à dr. le ch. de Luynes. Dans ce village, ayant dépassé le bureau de poste, tourner à g. pour arriver à la place de *l'Hôtel-de-Ville* (**1.1**) où se trouve située une des entrées de l'hôtel du *Lion-d'Or*.

Traverser cet hôtel, tout en y laissant en garde sa machine, et monter à pied au Château avant de déjeuner.

De l'autre côté de l'hôtel, et derrière une *vieille halle*, se trouve l'escalier (131 marches) conduisant au **château de Luynes** (Visite, 25' ; gratification, 50 c.). Ce domaine, des XV⁰ et XVII⁰ s., flanqué de tours, appartient encore à l'ancienne famille de ce nom. On ne visite pas les appartements, mais il est permis d'admirer, du haut de la terrasse et du chemin de ronde, la magnifique vue de la vallée de la Loire.

Dans le voisinage de Luynes, subsistent les ruines d'un curieux aqueduc gallo-romain.

A la sortie de l'hôtel du Lion-d'Or, redescendre la rue à g. de l'Hôtel de Ville, et, avant d'atteindre le bureau de poste, tourner à dr. sur le joli ch. montant (3'), appelé *chemin des coteaux*, qui ondule au pied des collines, limitant ce côté de la vallée.

On traverse un gracieux vallon au hameau de Chappe-la-Rouelle (Côte : 6'); puis, après une petite montée (2'), on rejoint la levée de la Loire à Pont-de-Brenne (**3.5**).

En approchant du bourg de Cinq-Mars, remarquer à dr. une vieille tour, en briques, très élevée, dite *La Pile*, dans laquelle quelques archéologues ont cru reconnaître un monument funéraire romain. Plus loin, abandonnant le bord du fleuve, en vue du pont de la *ligne de Tours à Angers*, on obliquera à dr. pour traverser Cinq-Mars (**1.2** — Pavé : 2' — Hôt. du *Chemin-de-Fer*), où se détache à dr. la r. de Pernay (11.5).

Deux tours rappellent seu'es le *château de Cinq-Mars* que le cardinal de Richelieu fit raser après l'exécution du marquis d'Effiat à Lyon.

Une rue, à dr. de la place de la *Mairie*, monte au château.

De Cinq-Mars à Langeais, la r., continuant entre de belles propriétés et des prairies, laisse à dr. (**1**) le ch. de Château-la-Vallière (29), par Cléré (11).

Parvenu à Langeais (**1.7** — Ch.-l. de c. — 3.309 hab. — Pavé : 2' — Vin blanc et faïencerie renommés), on suivra la rue de *Tours* et la rue *Thiers*, qui lui fait suite, pour gagner l'hôtel du *Lion-d'Or*, où l'on déposera sa machine, avant de visiter le Château.

La rue *Gambetta* conduit au **château de Langeais**, imposante forteresse du moyen âge, propriété de M. J. Siegfried (Visite, 45'; gratification, 50 c.). Les appartements, meublés dans le style gothique le plus pur, renferment de précieuses collections d'armes et de tapisseries anciennes.

L'origine du château remonte à Foulques Nerra, comte d'Anjou, une des plus puissantes figures du moyen âge, qui le fit construire vers l'an 1000. Rebâti par Louis XI, on y célébra le mariage de Charles VIII et d'Anne de Bretagne.

Ayant repris sa machine à l'hôtel du Lion-d'Or, traverser le petit pont vis-à-vis, et suivre la rue de la *Gare*. Au delà du passage à niveau, on rejoint la levée de la Loire. Tourner à dr. puis, après quelques m., abandonnant la r. directe de Saumur par La Chapelle-sur-Loire (16.5) et Port-Boulet (5 — *V*. page 43), on franchira à g. le pont suspendu.

La r. descend, tourne, d'abord à g., à deux cents m. environ du pont, puis, de suite à dr. pour se diriger vers le village de Lignières, en traversant des prairies arrosées par l'ancien lit du *Cher*.

A partir de Lignières (**7**) on gravit, par une longue côte de quinze cents m. (25'), le promontoire qui sépare la vallée de la Loire de celle de l'*Indre*. La r. s'abaisse ensuite rapidement, oblique à g., et, plate, le long de l'Indre, conduit, après avoir dépassé le *moulin de Charrière*, au bourg d'Azay-le-Rideau (**3** — Ch.-l. de c. — 2.220 hab.).

Visite du château d'Azay-le-Rideau. — En arrivant à Azay-le-Rideau aller déposer sa machine a l'hôtel du *Grand-Monarque* et se rendre de suite au Château (15'; gratification, 50 c. ; visible de 1 h. à 7 h.).

Le château d'Azay-le-Rideau, bijou d'architecture, baigné par l'Indre, entouré d'un parc ravissant, fut construit sur pilotis par Gilles Berthelot, conseiller de François Ier. Il appartient aujourd'hui à M. le marquis de Biencourt et renferme une collection remarquable de tableaux et de portraits.

Pour mémoire. — D'Azay-le-Rideau à **Poitiers**, par l'Isle-Bouchard (**17** — *V.* page 81), Richelieu (**10** — *V.* page 81), Orches (**12**), Lencloitre (**3** — Hôt. *Mareau*), Vandeuvre (**9**), Avanton (**7**) et Poitiers (**10** — Ch.-l. du dép. de la Vienne. — 38.518 hab. — Hôt. des *Trois-Piliers*).

D'Azay-le-Rideau à **Châtellerault,** par Villaines (**6**), Nueil-sous-Crissay (**7**), Saint-Epain (**1**), Noyant (**5**), Sainte-Maure (**5**) et Châtellerault (**34** — *V.*, page 37, de *Tours à Poitiers*).

D'Azay-le-Rideau à **Chinon,** par La Chapelle, Rivarennes, Ussé, Cuzé (**17**) et Chinon (**15** — *V.* page 42).

D'AZAY-LE-RIDEAU A SAUMUR

PAR LA CHAPELLE, RIVARENNES, USSÉ, CUZÉ, NÉMAN, PORT-BOULET, CHOUZÉ-SUR-LOIRE, GAURE ET VILLE-BERNIER.

Distance : **16** kil. **500** m. *Côtes :* **21** min.
Pavé : **18** min.

Nota. — Le cycliste pressé qui voudra abréger son voyage, sans aller jusqu'à Saumur et Angers, pourra, au delà de Cuzé (*V.* page 43), rejoindre notre itinéraire de retour à Chinon (*V.* page 79). Toutefois, il devra toujours passer par Rivarennes, Ussé et Cuzé, la route directe d'Azay-le-Rideau à Chinon (21.5), par la *forêt nationale de Chinon*, étant peu recommandable.

Belle route, faiblement ondulée entre La Chapelle et Cuzé, ensuite plate jusqu'à Saumur.

Au sortir de l'hôtel du *Grand-Monarque*, descendre à g. la r. de Chinon, en traversant tout le bourg d'Azay-le-Rideau. On franchit les ponts jetés au-dessus des grasses prairies de la vallée de l'*Indre*, puis on atteint le village de La Chapelle (**1** — Côte : 3'). Dans La Chapelle, parvenu à hauteur du bureau de tabac, abandonner la r. directe de Chinon et tourner à dr. sur le ch. de Rivarennes.

Celui-ci s'élève un instant (2'), ensuite descend la vallée de l'Indre en ondulant agréablement ; une montée (3'). Deux kil. plus loin, on longe la *ligne de Tours à Chinon* qu'il faut traverser trois fois : sur un premier passage à niveau, à dr., sur un second, à g., et enfin sous une voûte, à proximité de la station de Rivarennes (**4.6**). Dans ce village, vis-à-vis l'hôtel du *Croissant*, tourner à dr.

Parvenu à Ussé (**5.2**), s'arrêter à l'hôtel de la *Croix-Blanche*; puis, s'il est possible, aller visiter le Château avant le déjeuner.

Le château d'Ussé (15'; visible tous les jours, excepté le dimanche matin ; gratification, 50 c.), une des œuvres les plus exquises de la Renaissance, remonte au XV° s. et appartient aujourd'hui à M. le duc de Blacas. Ses appartements sont ornés d'une superbe collection de portraits et de meubles anciens.

Quand on aura vu le château, et repris sa machine à l'hôtel, on continuera dans la direction du pont de Port-Boulet. Le ch., redevenu bon, passe au-dessous du château d'Ussé et longe toujours la gracieuse vallée de l'Indre; trois courtes montées (2', 3' et 4') jusqu'au hameau de Cuzé (**2**).

A la descente qui suit, se détache à g. (**1.2**) le ch. accidenté de Chinon (9), par Huismes.

Après une dernière petite montée (2'), suivie d'une descente, on roule à plat en se rapprochant de la rivière. Au delà de Néman (**3**), l'Indre se réunit à la Loire.

Pendant deux kil., le ch. cotoie la rive g. de la Loire, jusqu'au pont en pierre de Port-Boulet (**1**). Ayant passé sous l'arche, gravir la rampe à g. (2') et traverser le fleuve, conjointement avec la *ligne de Chinon*, pour arriver au hameau de Port-Boulet (**1.2**).

Ici, abandonnant la direction de Bourgueil (4.5 — Vins rouges renommés), suivre à g. la levée qui se déploie excellente, absolument plate, quoiqu'un peu monotone, durant huit kil. On rencontre Chouzé-sur-Loire (**2.3**), ensuite le fleuve s'éloigne pendant six kil.

On rejoint ses bords, vis-à-vis le gros bourg de Montsoreau, dont le château, situé sur la rive g., produit encore de loin un effet imposant (*V*. page 78).

La r. passe à Gaure (**8**), à Villebernier (**0**) et atteint bientôt, par une rampe pavée (3' — trottoir droit), le pont de Saumur (**3** — Ch.-l. d'arr. — 16.440 hab. — Vins blancs réputés).

Tournant à g. (Pavé : 15'), on traversera les deux ponts, que relie la rue *Nationale*, et l'on entrera dans la ville par la place de la *Bilange*. Sur cette place, laisser à g. le Théâtre, vaste édifice avec colonnade, et continuer devant soi par la rue *d'Orléans* qui mène devant le *bureau central de la Poste*, à l'angle de deux rues (1).

A quelques m. de distance de la Poste, sont situés : l'hôtel de la *Paix*, à g. dans la rue *Dacier*, au n° 36, et l'hôtel de *Londres*, à dr. dans la rue d'*Orléans*, au n° 48 (Cafés de la *Paix*, 51, rue *Dacier*; du *Commerce*, 17, rue d'*Orléans*).

Visite de la ville et du château de Saumur (environ 3 h. 1/4). — Vis-à-vis la Poste, voisine des hôtels, suivre la rue d'*Orléans*, jusqu'au pont sur la Loire. Arrivé au pont, prendre à dr. le quai de *Limoges*, qui longe le Théâtre, puis le Jardin public. A l'extrémité du jardin, on se trouve sur la place de la *République*, ayant à dr. l'Hôtel de Ville (Musée public les dimanches et jeudis, de midi à 3 h.; les autres jours moyennant rétribution, 50 c.).

— Si l'on n'est pas pressé, on pourra suivre le quai de *Limoges* jusqu'à la place *Notre-Dame*, où s'élève l'église de Notre-Dame-des-Ardilliers, puis revenir à la place de la *République*. —

A l'angle de l'Hôtel de Ville, la rue *Bonnemère*, à dr., mène à la rue du *Puits-Neuf* et cette dernière, à g., conduit à la place *Saint-Pierre*. Après avoir visité l'église Saint-Pierre, montant à g. la rue *Dacier*, ensuite la rue escarpée du *Fort*, toujours à g., on arrivera à l'entrée du Château.

Le château de Saumur, qui date du XII° s., souvent remanié depuis cette époque, est aujourd'hui en partie transformé en caserne (pour visiter, s'adresser au concierge; rétribution, 50 c.).

A la sortie du château, au delà du pont-levis, descendre la première ruelle à g., entre deux murs, qui s'ouvre près d'un bec de gaz. Plus bas, un escalier de 43 marches aboutit à la *Grande Rue*. Celle-ci, à g., prolongée par les rues du *Collège* et de l'*Hôtel-Dieu*, conduit à la place de l'église de *Notre-Dame-de-Nantilly*.

Vis-à-vis le portail de l'église, suivre un moment la rue de *Nantilly*, puis s'engager dans la rue des *Boires*, la première à dr. On passe devant la grille de l'Hospice Général et l'on atteint la place de l'*Arche-Dorée*. Ici, tourner à g. pour prendre à dr., à l'angle du bâtiment de la Gendarmerie, la rue du *Petit-Versailles*: traverser la place *Dupetit-Thouars*, et, par la rue *Portail-Louis*, rejoindre la rue d'*Orléans* devant la Poste.

Tournant à g. on croisera la rue d'*Orléans*, et l'on continuera vis-à-vis par la rue *Beaurepaire*. A l'extrémité de cette rue, la place du *Chardonnet* présente un vaste champ de manœuvre, entouré de manèges et d'écuries, tandis qu'à g. se trouve l'entrée de l'Ecole de Cavalerie. Tourner à dr., à l'angle du manège des Ecuyers, ensuite, à l'autre bout du manège, encore à dr. dans la rue *Saint-Nicolas* jusqu'à la rue *Courcouronne*; celle-ci, à g., mène à l'église Saint-Nicolas. Dépassé le portail, tournant à g. par la rue de la *Petite-Bilange*, on arrivera presque aussitôt à la place du *Port-Saint-Nicolas* vis-à-vis la Loire. Le quai *Carnot*, à dr., ramène au pont, d'où l'on reviendra vers la Poste et l'hôtel en traversant, toujours à dr., la place de la *Bilange* qui précède la rue d'*Orléans*.

Remarquer dans Saumur beaucoup d'anciennes maisons des XIIIe, XIVe, XVe et XVIe s.

Excursion recommandée au départ de Saumur. — Le dolmen de Bagneux, les châteaux de Montreuil-Bellay et de Brézé (37 kil. 600 m., aller et retour. — Côtes : 52' — Pavé : 12').

Itinéraire : A l'angle de la Poste, tournant le dos à la direction du pont de la Loire, suivre la rue d'*Orléans* (Pavé : 15'), traverser la place *Maupassant* et, par la rue de *Bordeaux*, gagner le pont sur le *Thouet*. De l'autre côté du pont (1), laissant à dr. la r. de Saint-Hilaire-Saint-Florent (*V.* page 76), on montera légèrement la longue rue de Bagneux. La quitter à la bifurcation (0.9) du ch. d'Artannes (5.1) qu'on prendra à g. On passe devant l'église de Bagneux pour arriver à une petite place triangulaire, ornée d'une croix en pierre (0.1). Ici se trouve, dans l'enclos d'une maison basse, à dr., le grand *dolmen de Bagneux*, un des plus beaux spécimens des monuments celtiques (rétribution, 50 c.).

A la sortie de l'enclos, tourner à dr. pour rejoindre (0.3 — Montée : 3') la r. nationale, qu'il faut gravir à g. (7'): sur la colline, à dr., on aperçoit, près d'un marronnier isolé, un autre dolmen, moins important.

Parvenu à la bifurcation (0.6) de Bournan, négligeant à dr. la r. de Doué (14.5), on descendra doucement à g. la r. de Montreuil-Bellay jusqu'au bas de Distré (1.6), La r., toute droite, au milieu d'une fertile région, remonte (Côtes : 5' et 6), croise la petite *ligne de Saumur à Cholet* et passe au hameau (3.1) dépendant du Coudray-Macouard, gros village sur une hauteur à g. Après une nouvelle côte (5'), on descend vers Montreuil-Bellay, pittoresquement situé sur la rive dr. du Thouet (Ch.-l. de c. — 2.011 hab.).

Au bas de la descente, tourner à g., traverser le pont (Pavé : 2' — belle vue du château) et monter au bourg (Côte : 5') par l'avenue du *Pont*. A la place *Toussenel* (7.6), au commencement du pavage de la rue *Nationale* (Pavé : 5'), on laisse a g., près d'une forge, le ch. de Brézé par lequel on reviendra. Cinq cents m. plus loin, dans la rue *Nationale*, se trouve situé à g., à l'angle de l'avenue *Duret*, l'hôtel du *Centre* (0.5), ou l'on pourra laisser sa machine en garde et déjeuner.

A l'extrémité de la rue Nationale s'élève la *Porte Saint-Jean*, qui faisait partie des anciens remparts. Pour se rendre à l'église et au château, suivre, vis a-vis l'hôtel, la rue du *Bellay*, ensuite la deuxième rue à dr., la rue de l'*Hôtel-de-Ville*, prolongée par la rue du *Marché*. L'entrée de la cour de l'église paroissiale et celle du Château sont contiguës sur la place de l'*Eglise*.

Le *château de Montreuil-Bellay*, construction féodale de la fin du XVe s., n'est visible qu'en l'absence du propriétaire, M. le comte de Grandmaison; mais il est toujours permis de voir le parc (gratification, 50 c.).

Quand on aura vu le château et repris sa machine à l'hôtel, on reviendra à la place *Toussenel* (0.5 — Pavé : 5') pour suivre, à dr. de la forge, la rue de la *Porte-Nouvelle*, début de la r. de Saint-Just. Aux premières maisons du village de Mollay (6). abandonner la r. de Saint Just et s'engager sur le ch. de Brézé à dr. Celui-ci, deux cents m. plus loin, tourne à dr., puis, après cinquante autres m , infléchit à g. ; à partir d'ici, le terrain laisse à désirer jusqu'à Brézé.

Après le passage à niveau du ch. de fer, prendre le premier ch. à g. On traverse des prairies, arrosées par la *Dive*, ensuite la rivière canalisée, et l'on monte (8') jusqu'a l'élégante église de Brézé (1). Contourner l'église à g., en passant devant le portail, puis traverser le village. Quatre cents m. plus loin (0.4), une rue, a dr., mène à la porte d'entrée du superbe *château de Brézé*, datant de 1558, de style Renaissance (pendant le séjour du propriétaire, M. le comte de Dreux-Brézé, on visite seulement le parc; gratification, 50 c.).

Au delà de Brézé, le ch. gagne le hameau des Belles-Caves et, laissant la direction de Fontevrault (8.8 — *V*. page 78), à dr. du passage à niveau (1.4), franchit la ligne pour continuer vers Saumur. On rencontre successivement les villages de Saint-Cyr-en-Bourg (0.0), de Chacé (2.5 — légère montée) et de Varrains (1); dans cette dernière localité, longue côte (12').

Au bas de la descente suivante, on franchit encore un passage à niveau et bientôt on longe à dr. le mur du cimetière de Nantilly. Vis-à-vis ce mur, remarquer à g. un beau *dolmen*, situé dans un champ de vignes, à une trentaine de m. de la r. Après la rampe du pont du ch. de fer (1'), on entre dans Saumur (Pavé : 15') par la rue du *Pressoir-Saint-Antoine* aboutissant sur la place de l'église de *Notre-Dame-de-Nantilly*. De cette place à la Poste, voisine des hôtels (1.6), suivre l'itinéraire comme il est indiqué à la page 44.

Pour mémoire. — De **Saumur** au **Mans**, deux routes:

A. — Par Longué (**17** — Hôt. de l'*Écu*), Jumelles (**5**), Cuon (**6**), **Baugé** (**7** — Ch.-l. d'arr. — 3.314 hab. — Hôt. du *Lion-d'Or*). Montpollin (**4**), Clefs (**5**), **La Flèche** (**9** — Ch.-l. d'arr. — 10.477 hab. — Hôt. des *Quatre-Vents*), Clermont-Créans (**5**), La Fontaine-Saint-Martin (**9**), Foulletourte (**5**), Guécélard (**7**), Arnage (**8**) et **Le Mans** (**8** — Ch.-l. du dép. de la Sarthe. — 60.075 hab. — Hôt. de la *Boule-d'Or*).

B. — Par Vernantes (**20**), Linières-Bouton (**7**), Noyant (**7** — Hôt. du *Lion-d'Or*), Le Lude (**16** — Hôt. du *Bœuf*), Pontvalain (**13** — Hôt. des *Trois-Marchands*), Pontlieue (**17**) Arnage (**5**) et Le Mans (**8** — *V.* ci-dessus, A.)

De **Saumur à Poitiers**, par Fontevrault (**10** — *V.* page 78), Roiffé (**7**), **Loudun** (**14** — Ch.-l. d'arr. — 1.617 hab. — Hôt. de *France*), Chouppes (**23**), Mirebeau (**3** — Hôt. du *Faisan*) et Poitiers (**26** — Ch.-l. du dép. de la Vienne. — 33.518 hab. — Hôt. des *Trois-Piliers*).

De **Saumur à Niort**, par Montreuil-Bellay (**10** — *V.* page 45). Sainte-Verge (**15**), Thouars (**3** — Hôt. du *Cheval-Blanc*). Riblaire (**11**), La Mau-Carrière (**7**), Viennay (**13**), **Parthenay** (**5** — Ch.-l. d'arr. -- 6.915 hab. — Hôt. *Tranchant*), Pompaire (**5**), Reffanue (**8**), Saint-Maixent (**17** — Hôt. de l'*Écu*), Cadoré (**5**), La Crèche (**5**) et Niort (**13** — Ch.-l. du dép. des Deux-Sèvres. — 23.674 hab. — Hôt. de *France*; du *Raisin-de-Bourgogne*).

De **Saumur à La Roche-sur-Yon**, par Doué-la-Fontaine (**18** — Hôt. de la *Gare*), Coucourson (**6**), Vihiers (**13** — Hôt. de la *Boule-d'Or*), Coron (**9**), Vezins (**5** — Hôt. de la *Boule-d'Or*), Nuaillé (**8**), **Cholet** (**7** — Ch.-l. d'arr. — 17.844 hab. — Hôt. de *France*) et la Roche-sur-Yon (**65** — *V.*, page 51, d'*Angers à la Roche-sur-Yon*).

De **Saumur à Nantes**, par Vihiers (**30** — *V.* ci-dessus, de *Saumur à la Roche-sur-Yon*), La Salle-de-Vihiers (**8**), Chemillé (**10** — Hôt. du *Lion-d'Or*), La Chapelle-Rousselin (**5**), Jallais (**5**), Beaupréau (**10** — Hôt. de *France*), la Chapelle-du-Genet (**3**), Gesté (**10**), Vallet (**10** — Hôt. du *Cheval-Blanc*), La Chapelle-Heulin (**8**). La Brillaudière (**4**) et Nantes (**14** — *V.* page 64).

DE SAUMUR A ANGERS

PAR SAINT-MARTIN-DE-LA-PLACE, SAINT-CLÉMENT, LES ROSIERS, SAINT-MATHURIN ET LA DAGUENIÉRE.

Distance: **17 kil. 200 m.** *Pavé:* **14 min.**

NOTA. — Excellente route plate, ne présentant aucune côte.

Le cycliste pressé, qui ne voudrait pas prolonger son voyage vers Angers et Nantes, devra se reporter à l'itinéraire de retour de *Saumur à Chinon*, page 77.

Quitter Saumur (Pavé: 15') en retraversant les deux ponts de la Loire et, au-delà du deuxième pont, laissant à g. l'ancienne gare, puis, devant soi, les r. du Lude (48) et de Baugé (33), tourner à g. (1.2) sur celle de Saint-Mathurin; petite descente. On passe devant la nouvelle gare pour reprendre la *levée de la Loire* qui s'écarte du fleuve. Un kil. plus loin, on traverse Saint-Lambert-des-Levées (1.5) village précédant le passage à niveau du ch. de fer, près la route de la *ligne de Saumur à Angers*; petite montée.

A la sortie de Saint-Martin-de-la-Place (6.5), la r. rejoint le bord de la Loire, tandis que sur la rive g. on aperçoit le *château de Chenehutte*. Plus loin, vis-à-vis le village de Saint-Clément (2), remarquer sur la même rive opposée, la tour du *château de Trèves* (V. page 76); enfin on atteint Les Rosiers (5.4 — Hôt. de la *Poste*), gros bourg relié à celui de Gennes par un pont suspendu, laissé à g. Sur la place des Rosiers s'élève la statue de *Jehanne de Laval*, femme du roi René, qui fit construire la levée de la Loire.

Après Les Rosiers, la r. continue, excellente, entre une plaine bien cultivée à dr., et le fleuve à g. A hauteur de la *borne 34* (6.4), on aperçoit sur la rive g. le *château de Saint-Maur*; à dr., se détache la r. de Baugé (25) par Beaufort (7).

A l'entrée de Saint-Mathurin (4 — Hôt. du *Cheval-Blanc*), négliger à g. le pont suspendu, dans la direction de Brissac (13.4) et de Beaulieu (28.6). Pour éviter le pavage (8') de la localité, suivre le quai à g., puis le trottoir g. jusqu'à la sortie du bourg.

On dépasse ensuite successivement le village de La Bohalle (5.5), où a été érigée une colonne surmontée du buste de *Jehan Bohalle*, puis le long bourg pavé de La Daguenière (3.7) qui présente néanmoins un étroit et médiocre bas côté g. avec quelques passages pavés auxquels il faut faire attention.

Depuis La Daguenière, la r. s'éloigne de la Loire et la contrée change d'aspect à mesure qu'on avance vers l'Anjou. On franchit le *pont de Sorges* (pavé: 1') sur l'*Authion* et bientôt les clochers de la ville d'Angers apparaissent dans le lointain.

Le faubourg d'Angers, rappelant l'abord des villes manufacturières, commence à la *Pyramide* (5), où se détache à dr. la r. de Trélazé et de Beaufort (23).

Sur cette r., on atteint, a quelques m. de distance, les fameuses **ardoisières de Trélazé**, exploitées des deux côtés de la chaussée, qui occupent plus de 3000 ouvriers.

Pour visiter succinctement, s'adresser au directeur de chaque carrière ou au contremaître des ouvriers, dits *d'à-Haut*, à l'extérieur des puits.

Se contenter de descendre dans l'un des puits, au moyen d'un bassicot, jusqu'à la galerie inférieure. L'exploration plus avant au fond de la carrière, où travaillent les ouvriers *d'à-Bas*, présente certain danger.

La r., toute droite, entre des maisons reliées par de longs murs, ondule en montant insensiblement, tandis qu'à dr. se profilent les puits des ardoisières de Trélazé; on atteint ainsi l'entrée de la rue *Saumuroise* (Pavé: 20' — trottoir g. utilisable; se méfier des contraventions). Parvenu à hauteur de la jolie église gothique de la *Madeleine*, suivre à g. la rue *Volney* où le macadam reparait.

Dans Angers (Ch.-l. du dép. du Maine-et-Loire. — 77,164 hab.), au rond-point, planté de magnolias, appelé place *André-Leroy*, tourner à dr. par la rue *Desjardins* (quatre petits passages pavés) passant devant l'église *Saint-Joseph*. A l'extrémité de la rue Desjardins, en vue de la grille du *Mail*, ou jardin public, tourner à g. par la rue *Ménage* qui aboutit place de *Lorraine* (**6**), décorée de la statue du statuaire *David d'Angers*. A g. de cette place, et à l'angle du boulevard de *Saumur*, au n° 1, est situé l'hôtel recommandé d'*Anjou*, attenant au café des *Sports*.

(Atelier de réparations pour les machines, garage d'automobiles, chez MM. *Malinge* et *Laulan*, 23, rue *Paul-Bert.*)

Visite de la ville et du château d'Angers (environ 7 h. 1/2 — Si l'on n'est pas pressé, il sera préférable de consacrer deux journées à la visite de cette ville qui renferme d'intéressants musées).

A la sortie de l'hôtel d'*Anjou*, tourner à g. sur le boulevard de *Saumur*, puis aussitôt à dr. dans la rue d'*Alsace*, qui mène à la place du *Ralliement*, entourée de nombreux cafés et où s'élève le Théâtre. Au bas de cette place, à l'entrée de la rue *Lenepveu*, à dr., est situé, au n° 32 bis, l'Hôtel de Pincé (petit musée, public le dimanche et le jeudi, de midi à 4 h.; les autres jours moyennant rétribution, 50 c.).

Revenir à la place du Ralliement et suivre, à dr. du Théâtre, la *Chaussée Saint-Pierre*, puis, quelques m. plus loin, au carrefour *Rameau*, obliquer à dr. par la rue de l'*Aiguillerie*, aboutissant vis-à-vis l'Evêché.

Contourner l'évêché par la rue *Montault*, à g., pour arriver à la place *Sainte-Croix*; à l'angle g., la curieuse maison Adam.

Sur la place Sainte-Croix, tournant à dr. vers la place *Saint-Maurice* et la place du *Parvis Saint-Maurice*, on arrivera devant la Cathédrale, dont le portail fait face à la *montée Saint-Maurice*, une pittoresque rue en escalier.

Regagner la place Sainte-Croix et suivre, derrière le chevet de la cathédrale, la rue *Saint-Aubin*. Ayant dépassé la rue du *Musée*, à dr., on tournera dans la rue suivante des *Lices*, à dr, pour voir au n° 10 la tour Saint-Aubin, qui faisait partie d'une ancienne abbaye, remplacée aujourd'hui par le *mail de la Préfecture*, à g., et les bâtiments de la Préfecture, à dr. sur ce mail.

Revenir sur ses pas par les rues des Lices et Saint-Aubin pour prendre à g. l'étroite rue du *Musée*. Au dela d'une voûte, on aperçoit l'entrée du Musée, situé dans le Logis Barrault, où se trouvent réunis les musées de peinture, de sculpture, d'histoire naturelle et la bibliothèque (public les dimanches et jeudis, de midi à 4 h., les autres jours moyennant rétribution, 50 c.); le jardin du Logis Barrault renferme les ruines de la chapelle Toussaint.

Après la visite du musée, continuer à g. la petite rue du Musée, puis tourner à g. dans la rue *Toussaint*. Celle-ci descend à la place *Marguerite d'Anjou* où s'élève à dr. le Château d'Angers, flanqué de ses dix-sept tours, un des plus imposants spécimens d'architecture militaire du moyen âge, construit par Saint-Louis.

Tourner à dr. sur la place pour gagner la promenade du *Bout-du-Monde* (très belle vue) et l'entrée du château (visible tous les jours, s'adresser au concierge; rétribution, 50 c.).

A la sortie du château, revenir à la place Marguerite d'Anjou, et, longeant à dr. les douves de la forteresse, descendre couper le boulevard, devant la statue du roi *René*, puis se diriger vers l'église Saint-Laud, sur la place de l'*Académie*.

En sortant de l'église, suivre la rue *Kellermann*, à g., jusqu'au croisement de la rue *Saint-Eutrope*. A l'extrémité de cette dernière rue, à g., se trouve la chapelle de l'Esvière, faisant partie du couvent des sœurs de N.-D. des Anges. En descendant la rue Sainte-Eutrope, à dr., puis la rue de *Quatrebarbes*, à g., et, dans celle-ci la rue des *Dragons*, à dr., on atteindra le pont de la *Basse-Chaîne*, sur la *Maine*. La rivière franchie, prendre sur l'autre rive, à dr., le boulevard *Henri Arnaud* jusqu'à la rue *Beaurepaire*. Celle-ci, à g., conduit à l'église de la Trinité, attenante aux ruines de l'église du Ronceray, ainsi qu'à la place de la *Laiterie*. A g. de cette place, au n° 23 du boulevard *Descazeaux*, on peut visiter la chapelle et la maison de la Voûte.

Revenir sur ses pas, et, par la rue Beaurepaire, gagner le pont du *Centre*. Ici, ne pas traverser la rivière, mais suivre à g. le quai *Monge* bordant, un peu plus loin, le *Champ-de-Foire*. En vue du pont de la *Haute-Chaîne*, on traversera à g. le champ de foire pour entrer, à l'angle de la rue *Gay-Lussac*, dans le jardin de l'ancien hôpital Saint-Jean qui renferme aujourd'hui le Musée d'antiquités (public les dimanches et jeudis, de midi à 4 h.; les autres jours moyennant rétribution, 50 c.; s'adresser également au gardien du musée pour la visite des Greniers Saint-Jean).

A la sortie du musée, en montant à dr. la rue Gay-Lussac, on aboutit à la place du *Tertre Saint-Laurent*, décorée d'un reposoir en pierre. Ici, la ruelle des *Greniers Saint-Jean*, à dr., rejoint le boulevard *Daviers*. Tourner à dr. sur ce boulevard et traverser la *Maine* sur le pont de la *Haute-Chaîne*, voisin d'une antique tour isolée. De l'autre côté du pont, suivre le boulevard *Ayrault* jusqu'à l'entrée du boulevard *Carnot*.

Tourner alors à g. sur l'avenue *Besnardière* et la suivre jusqu'à l'église Saint-Serge que l'on aperçoit dans la deuxième rue à dr. Sortant de cette église par le portail latéral gauche, on continuera à dr., par la rue de *Jussieu*, puis, encore à dr., par la rue *Boreau*, passant entre les murs du Séminaire et du Jardin des Plantes. Au croisement de la rue de *Buffon*, pénétrer à g. dans le Jardin des Plantes et le traverser à dr. pour sortir, plus loin, à dr. par l'escalier monumental qui monte à la place du *Pélican*. Sur cette place, descendant à dr. la rue *Pocquet-de-Livonnières*, on arrivera au Musée paléontologique (visible les dimanches et jeudis, de midi à 4 h., les autres jours moyennant rétribution, 50 c.), à l'entrée de la place des *Halles*.

A la sortie du musée, revenir sur ses pas à la place du *Pélican*, et suivre à dr. le boulevard de la *Mairie*, qui longe successivement à g. le Champ de Mars, le Jardin du Mail et la place d'*Alsace-Lorraine*, celle-ci ornée de la st··· de *David d'Angers*. A l'angle de cette place et du boulevard de *Saumur*, on se retrouve devant l'hôtel d'*Anjou*, à g.

La ville d'Angers renferme de nombreuses maisons du XV⁰ au XVII⁰ s.

Excursion recommandée au départ d'Angers. — Les châteaux du Plessis-Bourré et du Plessis-Macé (18 kil. 600 m. aller et retour. — Côtes : 1 h. 30' — Pavé : 42').

Itinéraire : Le tour de la ville par les boulevards étant aussi court que la traversée d'Angers par les rues centrales, le cycliste, à la sortie de l'hôtel d'*Anjou*, suivra à dr. le boulevard de la *Mairie* (Pavé : 12') et, après la place du *Pélican*, les boulevards *Carnot* et *Ayrault*, où cesse le pavage. On franchit la *Maine* sur le pont de la *Haute-Chaîne*, et l'on continue par le boulevard *Daviers* (Côte : 7') jusqu'à la place *Lyonnaise* (2.2).

A la place Lyonnaise, prendre à dr. la rue *Bichat*, traverser la place *Sainte-Thérèse*, en laissant l'église de ce nom à dr. et quitter la ville par la rue *Barra*, légèrement descendante. Le ch. s'élève (6') pour passer au-dessus de la *ligne d'Angers à Laval* (Montée : 1'), vis-à-vis le hameau de Tartifume (Côtes : 2' et 3'). A la descente suivante, on domine à dr. les prairies de l'île Saint-Aubin entourée par les eaux de la *Mayenne* et de la *Sarthe*, dont les deux cours réunis forment, en aval, la rivière de la *Maine*. Traversée du pont de la Mayenne (Péage : 5 c.) en vue de la côte (6') de Cantenay-Epinard (6.5). A la sortie de ce village, se détache à g. (0.5) le ch. de Feneu (4.7); continuer à dr. Plus loin, on laisse encore à g. (2.2) le ch., légèrement montant, de Bourg, par le haut de Soulaire (sans poteau indicateur) et l'on continue, toujours à dr., à plat, en longeant des pâturages baignés par la Sarthe.

Dépassé le hameau de Noyant (1.5), le ch. ondule faiblement tandis qu'apparaît à g., sur le coteau, le village de Soulaire; on passe, au bas de l'agglomération, au hameau des Chapelles (1.8). Négligeant les deux premiers ch. rencontrés à g., entre un hameau et une courte montée, on ira jusqu'au troisième ch. qui s'ouvre vis-à-vis une maison blanche (2.2). Ici, tourner à g. et, cinq cents m. plus loin, s'engager à dr. (0.5) sur la majestueuse avenue conduisant au *château du Plessis-Bourré* (1), qu'on aperçoit bientôt à g.

Ce beau domaine, construit par Jean Bourré, gouverneur du fils de Louis XI, depuis Charles VIII, appartient aujourd'hui à M** la vicomtesse d'Onsembray. Traversant un pont de sept arches, sur un fossé artificiel rempli d'eau, on arrive au centre des bâtiments du château (visible tous les jours, en faisant passer sa carte; gratification, 50 c.).

A la sortie du château, reprendre l'avenue à dr. et, à son extrémité, tourner à dr. sur le ch. montant (5') vers Bourg.

Dans ce village (2) le ch. tourne à g., en passant devant l'église, et laisse à dr. le ch. d'Ecuillé (2.9). Légère descente, puis montée (10') vers Soulaire (1.5 — auberge du *Lion-d'Or*, où l'on peut déjeuner), village traversé cette fois dans la partie haute.

Cinq cents m. au delà de Soulaire, une bifurcation se présente près d'un moulin et d'une croix (0.5); laisser à g. la direction d'Angers (11), par Cantenay-Epinard (5), et descendre à dr. le joli ch. de Feneu. Après deux côtes (6' et 3'), on dépasse, dans Feneu, l'hôtel de la *Croix-Verte* et l'on tourne à g. sur le ch. de Bené pour rejoindre (3.5) la r. nationale de Mamers à Angers; devant le cimetière, tourner encore à g. Descente douce jusqu'à Bené où la r. infléchit à dr. pour traverser le pont sur la *Mayenne* (4.5 — Pavé : 2').

De l'autre côté de la rivière, laisser à g. la r. d'Angers (10.9) par Montreuil-Belfroy, et, passant à dr. devant la mairie de Juigné, suivre le ch. de Bécon. Après l'église on contourne le petit *château de Juigné* pour s'élever (Côtes : 15' et 3') en bordure du parc du *château de la Thibaudière*, à dr. Croisant (2.1) la r. nationale d'Angers à Caen, bientôt on traversera le passage à niveau de la *ligne d'Angers à Laval* et, parvenu à deux cents m. de la r., on abandonnera (0.2) le ch. de Bécon pour prendre à dr. celui du Plessis-Macé (Côte : 3').

Dans ce village (2), le ch. descend d'abord à dr.; puis, après l'église, incline à g. pour atteindre l'entrée (0.1) du *château du Plessis-Macé*.

L'origine de ce château remonte au XI° s., mais il fut rebâti au XV° s. Successivement il vit séjourner dans son enceinte les rois

Louis XI, Charles VIII, François I⁰ʳ et Henri IV. Mais, peu à peu délaissé, ce château tomba en ruines. Dans ces dernières années, les divers propriétaires de ce domaine en ont entrepris une restauration partielle (l'intérieur de la cour est seulement autorisé aux visiteurs qui présentent leurs cartes ; gratification, 50 c).

Du Plessis-Macé, revenir sur ses pas à la r. d'Angers à Caen (**2.3** — Côte : 8') et suivre cette dernière à dr. (petites montées : 4', 4' et 4'). On passe devant la station de Montreuil-Belfroy (**3.1**), puis au village d'Avrillé (**2.4** — Pavé : 6'). La r., toute droite, bordée de peupliers, atteint le faubourg d'Angers, à la rue *Saint-Lazare* (Pavé : 10') qui ramène à la place *Lyonnaise* (**3.8**).

De la place Lyonnaise à l'hôtel d'*Anjou* (**2.2** — Pavé : 12'), même itinéraire qu'au départ, en sens inverse.

Pour mémoire. — D'Angers à Blois, *V.*, en sens inverse, page 25.

D'Angers au Mans, par Pellouailles (**9**), Bourg-Joli (**9**), Suette-Seiches (2 — Hôt. du *Lion-d'Or*), Le Bourg-Neuf (**5**), Les Chanillères (**4**), Durtal (**5** — Hôt. du *Lion-d'Or*), Bazouges-sur-Loir (**6**), **La Flèche (7)** et Le Mans (**12** — *V.*, page 47, de *Saumur au Mans*).

D'Angers à Laval, par Avrillé (**6**), La Membrolle (**8**), Grez-Neuville (**5**), Le Lion-d'Angers (**3** — Hôt. *Paris*), Montreuil (**3**), **Château-Gontier (20** — Ch.-l. d'arr. — 7.227 hab. — Hôt. du *Dauphin*), Le Bourg-Neuf (**5**), La Loge (**8**), Entrammes (**7**), Thévalles (**6**) et Laval (**3** — Ch.-l. du dép. de la Mayenne. — 29.853 hab. — Hôt. du *Grand-Dauphin*; de *Paris*).

D'Angers à Rennes, par Saint-Jean (**10**), Bécon (**10** — Hôt. *Robin*), Le Louroux-Béconnais (**7** — Hôt. des *Voyageurs*), Candé (**12** — Hôt. de la *Poste*), La Chapelle-Glain (**14**), Saint-Julien-de-Vouvantes (**5** — Hôt. de la *Boule-d'Or*), La Touche (**8**), **Châteaubriant (6** — Ch.-l. d'arr. — 7.001 hab. — Hôt. du *Commerce*), Rougé (**10**), Thourie (**8**), La Couyère (**6**), Corps-Nuds (**11**), Vern (**9**) et Rennes (**9** — Ch.-l. du dép. d'Ille-et-Vilaine. — 69.937 hab. — Hôt. *Continental*).

D'Angers à La Roche-sur-Yon, par Les Ponts-de-Cé (**5** — Hôt. du *Pigeon-d'Or*), Saint-Lambert-du-Lattay (**19**), Chemillé (**13** — Hôt. du *Lion-d'Or*), Saint-Georges-du-Puy-de-la-Garde (**7**), Trémentines (**3**), Nuaillé (**3**), **Cholet (10** — Ch.-l. d'arr. — 17.844 hab. — Hôt. de *France*), Mortagne-sur-Sèvre (**10** — Hôt. de la *Boule-d'Or*), Les Herbiers (**15** — Hôt. du *Lion-*

d'*Or*). Vendrennes (**10**), Les Quatre-Chemins-de Loye (**2**). Saint-Florence (**3**), Les Essarts (**5**), Les Baraques (**4**), La Ferrière (**6**) et La Roche-sur-Yon (**10** — Ch.-l. du dép. de la Vendée. — 12.710 hab. — Hôt. de l'*Europe*).

D'Angers à Niort, par Brissac (**16** — *V.* page 74), Quincé (**3**). Notre-Dame-d'Alençon (**4**). Chavagnes (**4**). Mille (**1**) Martigné-Briand (**3**), Villeneuve (**2**). Aubigné (**2**). Montilliers (**5**), Vihiers (**5** — Hôt. de la *Boule-d'Or*), La Reveillère (**5**), Argenton-Château (**15** — Hôt. du *Lion-d'Or*). L'Ouglée (**7**), **Bressuire** (**10** — Ch.-l. d'arr. — 4.668 hab. — Hôt. du *Dauphin*), La Chapelle-Saint-Laurent (**10**), Neuvy-Bouin (**10**). Secondigny (**7** — Hôt. *Allard*). Cours (**12**), Champdeniers (**2** — Hôt. du *Bœuf*). Echiré (**12** — Hôt. *Richer*) et Niort (**8** — Ch.-l. du dép. des Deux-Sèvres. — 23.674 hab. — Hôt. de *France*; du *Raisin-de-Bourgogne*).

D'Angers à Poitiers, par Brissac (**16** — *V.* page 74), Les Alleuds (**5**), Saulgé-l'Hôpital (**4**), Noyant (**2**). Ambillou (**2**), Louresse (**3**), Doué-la-Fontaine (**6** — Hôt. de la *Gare*), Douces (**2**), Montreuil-Bellay (**11** — Hôt. du *Centre*), Les Trois-Moutiers (**18** — Hôt. des *Trois-Pigeons*), **Loudun** (**6**) et Poitiers (**52** — *V.*, page 47, de *Saumur à Poitiers*).

D'ANGERS A ANCENIS

PAR SAINT-GEORGES-SUR-LOIRE, CHAMPTOCÉ, LA RIOTTIÈRE, VARADES ET ANETZ.

Distance : **53** kil. **700** m. *Côtes :* **2** h. **2** min.
Pavé : **43** min.

Nota. — Cette route, excellente comme sol, est rendue pénible par le nombre de ses côtes, peu longues mais trop fréquentes. La contrée change d'aspect en approchant de la Bretagne.

Le cycliste pressé, qui ne voudrait pas prolonger son voyage vers Ancenis et Nantes, devra se reporter à l'itinéraire de retour d'*Angers* à *Saumur,* page 73.

A la sortie de l'hôtel d'*Anjou,* suivre à g. le boulevard de *Saumur* (Pavé : 15'), ensuite à dr. successivement les boulevards du *Roi-René* et du *Château,* où cesse le pavage. Traverser la *Maine* sur le pont de la *Basse-Chaîne* (Pavé : 3'), puis monter (4') le boulevard de *Nantes* jusqu'à la place *Montprofit* (**1.9**). Ici, prendre, à g. de l'hôtel du *Lion-d'Or,* la rue *Saint-Jacques* (Pavé : 16'). Celle-ci descend et traverse un pont sur le ruisseau de l'étang Saint-Nicolas (**0.8**).

L'*étang Saint-Nicolas* est situé à cinquante m. de la rue Saint-Jacques ; une ruelle à dr., à l'angle de la maison portant le n° 122, y conduit. Cet étang, aux eaux vertes, qui mesure près de trois kil. de longueur sur une largeur de cent m. à peine, est dominé par la grande construction d'un asile de vieillards.

A l'extrémité du pavage de la r. Saint-Jacques, la r. de Nantes s'élève en rampe douce (Côte : 3') jusqu'à la bifurcation (**1.8**) du ch. de Saint-Clément (12.7) qui s'éloigne à dr. La chaussée, excellente comme sol, tracée en ligne droite, à travers une agréable campagne, procède par de larges ondulations occasionnant une série de montées, peu longues, mais que le nombre rend fatigantes (Côtes : 5' et 3'). On dépasse les hameaux du Pavillon (**1.7**) et de La Roche-au-Breuil (**2.0**). Descente douce de deux kil. suivie d'une montée de sept cents m. (8') et, plus loin, d'une petite côte (3').

On longe le domaine de Serrant dont le beau lac apparait à g., entre les arbres, puis on passe devant la grille du *château de Serrant* (**8.2**).

Cent m. plus loin (**0.1**), quitter la r. et prendre à g. le ch., précédé d'une barrière blanche, qui conduit au château (**0.1**).

Le somptueux **château de Serrant**, commencé en 1516 par Jean de Brie, eut divers possesseurs qui le remanièrent successivement. L'intérieur n'est visible qu'en l'absence de M. le duc de la Trémoille, le propriétaire actuel (s'adresser au concierge dans le pavillon de g. de la cour d'honneur ; gratification, 50 c.).

A la sortie du château, tourner à dr. et suivre la jolie petite avenue qui commence près des communs. Elle ramène à la r., à l'entrée de Saint-Georges-sur-Loire (**1.5** — Pavé : 8' — Ch.-l. de c. — 2.354 hab. — Hôt. de la *Tête-Noire*).

Au delà de cette localité, où croise la r. de Segré (32.2) à Chemillé (23.2), on gagne par trois côtes (2', 3' et 3') une éminence, dans le voisinage d'un moulin à vent, d'où l'on domine à g. les larges fonds boisés parmi lesquels se devine le cours de la *Loire* ; une montée (2').

Croisement (**5.3**) du ch. de Saint-Augustin (6) à Montjean (4.2), non loin du village de Saint-Germain-des-Prés, laissé à g. de la r. Deux côtes (6' et 3') précèdent la courte mais rapide descente de Champtocé (**2.5** — Hôt. du *Pigeon-Blanc*). On monte dans le village (4') en contournant la base des pittoresques ruines du *château de Champtocé*.

Le château de Champtocé appartint jadis au fameux Gilles de Laval, seigneur de Retz, que ses cruautés ont rendu célèbre, sous le nom de Barbe-Bleue et qui fut exécuté à Nantes en 1440. Les ruines, en bordure de la r., peuvent facilement être visitées, aucune barrière n'en défendant l'accès.

Après Champtocé, succession de petites côtes (2'. 2', 2', 3', 3', 5' et 2') et de descentes. Des hauteurs, la vue s'étend, à g., sur le ruban argenté du *Boiré de Champtocé*, ruisseau qui se jette dans la Loire. De l'autre côté du fleuve, aperçu plus loin, pointe le clocher de Montjean ; et, sur notre rive, celui d'Ingrandes, dans le lointain.

On coupe (1) la r. du Louroux-Béconnais (6) à Ingrandes (1.3) et, ayant gravi encore deux montées (3' et 9'), on atteint le hameau de la Riottière (1.8) sur la limite des départements du Maine-et-Loire et de la Loire-Inférieure, au croisement du ch. de Candé (21) à Ingrandes (1.3).

La r., aplanie un moment, découvre une belle vue vers la vallée ; puis, après une descente assez rapide, remonte (Côtes : 5', 4' et 2') pour venir rejoindre (6.7) le ch. de La Chapelle-Saint-Sauveur (6). Une rampe (7') conduit alors aux trois moulins à vent qui signalent Varades (1 — Ch.-l. de c. — 3.089 hab. — Hôt. de la *Providence* ; de *France*).

Depuis Varades, reprise des côtes (3', 10', 4' et 8'). A dr., on remarque le *château de Vair*, précédant Anetz (6.3), cette localité à g. de la r. Plus loin, après une montée (3'), le *château de Juigné*, se distingue à g. On se rapproche de la Loire en descendant rapidement vers Ancenis. Ici, faire attention : au pied de la côte, lorsqu'on aura traversé le pont sur le ruisseau des *Marais de Grée*, on devra abandonner (5.3) la r., qui monte devant soi et trace un triangle inutile, pour prendre à g. une avenue de platanes allant franchir le passage à niveau du ch. de fer (Raidillon : 1'). Cette avenue conduit directement au quai de la *Marine*, au bas de la petite ville d'Ancenis (0.9 — Ch.-l. d'arr. — 5.048 hab. — Café *Armand*, place des *Halles*), dont la jolie situation, au bord de la Loire, est le seul attrait.

Si l'on doit faire étape à Ancenis, on se rendra à l'hôtel : soit en suivant, à dr. du bureau de l'octroi, le boulevard de *Ceinture* qui va rejoindre la rue de la *Gare*, dans laquelle se trouve un peu plus haut à g. l'hôtel des *Voyageurs* (**0.6**—cher) ; soit en montant devant soi la petite rue *Saint-Pierre* et, après avoir longé l'église, en continuant à dr. par la rue d'*Enfer* (Pavé : 5'). La rue d'Enfer aboutit à la rue de la *Gare*, près de l'hôtel, situé trois maisons plus bas, à dr. (0.5).

Si l'on se dirige vers Nantes, sans s'arrêter à Ancenis, on devra suivre à g. le quai de la *Marine* qui conduit à l'entrée du pont (dans cette direction, à g., on peut rejoindre, à Liré, à deux kil. et demi, la r. de Nantes par la rive g. de la Loire (*V.* la r. décrite en sens inverse à l'itinéraire de *Nantes* à *Saint-Florent-le-Vieil*, page 67). Devant le pont, tourner à dr. sur la place en contournant les vestiges de l'ancienne porte fortifiée du château d'Ancenis, sur des restes de remparts ; puis à g., par la rue des *Douves* et la rue du *Port*, on regagnera le quai, bordé d'arbres et orné d'un petit square. A l'extrémité du quai, continuer par la promenade plantée de quatre rangées de platanes. Elle conduit vis-à-vis le *champ de manœuvre*, où, tournant à dr. et gravissant un petit raidillon (1'), on rejoindra, à l'angle de la caserne, la r. de Nantes, à g., à l'extrémité du pavage d'Ancenis (1.3 du bureau de l'octroi du quai de la Marine).

Pour mémoire. — D'Ancenis à Laval. par Saint-Mars-la-Jaille (**18** — Hôt. de *France*), Saint-Sulpice-des-Landes (**6**). La Chapelle-Glain (**5**), Juigné (**7**). La Perrière (**3**), Pouancé (**4** — *Grand-Hôtel*), Renazé (**10** — Hôtel de la *Poste*), Craon (**11** — Hôt. de la *Perle*), Cossé-le Vivien (**12** — Hôt. des *Trois-Marchands*) et Laval (**18** — Ch.-l. du dép. de la Mayenne — 29.853 hab. — Hôt. du *Grand-Dauphin*; de *Paris*).

Ou Pouancé (*V.* ci-dessus), Saint-Aignan-sur-Roë (**12**), La Roë (**6**), Laubrières (**6**), Saint-Poix (**4**), Montjean (**8**), Saint-Berthevin (**12**) et Laval (**5**).

D'Ancenis à Rennes, par Mésangé (**9**), Teillé (**6**), Riaillé (**7** — Hôt. *Thiévin*), Grand-Auverné (**11**), Erbray (**9**), **Château-briant** (**9**) et Rennes (**53** — *V.*, page 51, d'*Angers* à *Rennes*).

D'Ancenis à La Roche-sur-Yon, par Liré (**3**), Saint-Laurent (**8**), La Boissière (**5**), Vallet (**10** — Hôt. du *Cheval-Blanc*), Clisson (**9** — Hôt. de l'*Europe*), Cugand (**6**), Montaigu (**10** — Hôt. *Delahaye*), L'Herbergement (**10**), Belleville (**14**) et La Roche-sur-Yon (**13** — Ch.-l. du dép. de la Vendée. — 12.710 hab. — Hôt. de l'*Europe*).

D'ANCENIS A NANTES

PAR OUDON

Distance : **38** kil. **800** m. *Côtes :* **1** h. **16** min.
Pavé : **45** min.

Nota. — Bonne route, présentant néanmoins plusieurs côtes. Les deux plus fortes mesurent: la première, quinze cents m., au départ de Oudon; la seconde, un kil, après la descente de la Maison-Blanche. Oudon est la seule localité où l'on puisse s'arrêter pour déjeuner.

L'arrivée à l'hôtel, à Nantes, est précédée d'un long parcours pavé.

Quittant l'hôtel, tourner à g., puis de suite à dr. dans la rue du *Collège* (Pavé : 5') menant à la place des *Victoires.* Continuer devant soi par la petite rue *Saint-Fiacre* qui descend à la rue des *Morices* (Pavé : 2') où l'on tournera à dr. Un peu plus loin, le pavage cesse devant la caserne (**0.9**).

La r., qui s'écarte de nouveau de la *Loire*, gravit une assez longue rampe (8'), en laissant à dr. (**0.8**) le ch. de Saint-Géréon (0.5) et des Touches (22), et, plus loin, celui (**0.9**) de Nort (24.7). Elle descend ensuite dans un profond ravin, puis remonte trois côtes (7', 5', et 3'). Du haut des collines, on jouit d'une jolie vue sur la vallée de la Loire, ainsi que sur Oudon. Une belle descente, entrecoupée d'une courte côte (3'), mène à cette localité, autrefois au rang de petite ville.

Dans Oudon (**6.1** — Hôt. *Rideau*), au débouché de la vallée du *Havre*, lorsqu'on aura traversé la rivière, on s'arrêtera pour visiter à dr. les ruines du vieux château et d'un formidable donjon, celui-ci restauré (s'adresser à la maison voisine; rétribution, 50 c.).

Au delà du château, après un raidillon, se présente un carrefour; suivre la r. à dr. Celle-ci s'éloigne encore de la Loire et regagne le plateau par une montée sinueuse, longue de quinze cents m. (22'), jusqu'au hameau du Tertre (**2.2**).

Le trajet devient ensuite monotone parmi des champs très morcelés, entourés de haies. La r. ondule légèrement et ne rencontrera plus jusqu'à Nantes que des hameaux, comme la Maladrie (**3.8**) et La Barbouinière (**1.2**). Après La Robinière (**1.5**), traversée d'un étroit vallon occasionnant une courte mais rapide descente suivie d'une côte (5'). Celle-ci se prolonge en rampe douce, au delà de la Maison-Neuve (**0.6**), jusqu'à la Maison-Blanche (**2.2**). Une échappée permet d'entrevoir au loin la Loire, puis, perdant de vue le cours de ce fleuve, on descend pendant deux kil. vers une verdoyante vallée. Devant soi, le beau *château de la Seilleraye* (XVIIe s.), situé à mi-colline, domine le paysage. Côte très dure d'un kil. (15'), dans une tranchée, ensuite agréable descente au hameau plus important du Chemin-Nantais (**5**).

La r., faiblement ondulée, laisse à dr. (**2**) le ch. de Carquefou (3.5), gravit deux petites côtes (3' et 5'), et traverse successivement les *lignes de Nantes à Segré et à Chateaubriant*; entre les deux passages à niveau, s'éloigne à dr. (**5.3**) le ch. de Nort (24).

On entre dans Nantes (**2.6** — Ch.-l. du dép. de la Loire-Inférieure. — 123.902 hab.— Pavé : 38' — Café de la *Cigale*, place *Graslin*) par la rue de *Paris*, à laquelle succèdent la rue *Saint-Clément*, la place *Louis XVI*. décorée d'une haute colonne surmontée de la statue de ce roi, la rue de l'*Evêché*, la place et la rue *Saint-Pierre*. Ayant coupé la rue de *Strasbourg*, par où s'éloigne à g. la ligne du tramway, poursuivre devant soi par la *Grande-Rue*, la place *Pilory* et la rue de la *Barillerie*.

On traverse le pont de la rivière de l'*Erdre*, canalisée entre deux quais, et par la rue d'*Orléans*, vis-à-vis, on atteindra la place *Royale*, ornée d'une fontaine monumentale. De l'autre côté de la place, monter la rue *Crébillon* jusqu'à la place *Graslin* où s'élève le Grand-Théâtre. Ici, tourner à dr. dans la rue *Molière* et s'arrêter à l'hôtel recommandé des *Voyageurs*, situé à dr. aux n°° 2 et 4 (**3.1**).

Visite de la ville de Nantes (environ 7 h. 1/2 — Si l'on n'est pas pressé, il sera préférable de consacrer deux journées à la visite de cette ville qui renferme d'intéressants musées).

Partant de la place *Graslin*, voisine de l'hôtel, descendre à g. la rue *Crébillon* jusqu'à la place *Royale*. Passer à g. de la fontaine monumentale, puis se diriger par la petite rue *Saint-Nicolas*, vers la place où s'élève l'église Saint-Nicolas, reconnaissable à son clocher effilé.

A la sortie de l'église, traverser la place, en obliquant à g., et, par le passage d'*Orléans*, gagner la rue d'*Orléans*; tourner à g. Arrivé devant le pont sur l'*Erdre*, suivre à dr. le quai *Cassard*. Un peu plus loin, à l'embouchure de l'Erdre dans la Loire, traverser le pont à g., et continuer par les quais *Flesselles*, du *Bouffay* et du *Port-Maillard*. En vue du Château, quitter le quai pour prendre à g. la rue des *Etats*, en bordure du fossé, qui mène a l'entrée de la forteresse.

Le château de Nantes, défendu par de massives tours crénelées, ancienne résidence des ducs de Bretagne, reconstruit au XV° s., fut habité plus tard par les rois de France. Des prisonniers célèbres y furent enfermés : le cardinal de Retz, Fouquet et enfin la duchesse de Berry, en 1832. Aujourd'hui il sert de caserne (pour visiter, s'adresser au concierge, rétribution, 50 c.).

A la sortie du château, continuant à dr. par les rues *Mathelin-Rodier*, puis *Prémion*, qui contournent les douves, on gagnera la place de la *Duchesse Anne*, derrière le château. Laissant à g. la promenade surélevée du cours Saint-Pierre, traverser la place, en biais, à dr., pour rejoindre le bord de la Loire. Le quai *Richebourg*, à g., passe devant la gare et conduit à l'entrée du Jardin des Plantes. Si l'on dispose de peu de temps, traverser rapidement cette jolie promenade, en suivant l'allée de g., jusqu'à la première grille de sortie. Celle-ci s'ouvre vis-à-vis la rue du *Lycée* dans laquelle on trouve à dr. le Musée de peinture et de sculpture (public tous les jours, sauf le lundi, de midi à 5 h. en été, à 4 h. en hiver).

Quittant le musée, continuer à dr. la rue du *Lycée* pour aboutir au cours *Saint-Pierre*, au chevet de la cathédrale. Ici, obliquer à dr. vers la place *Louis XVI*; puis, par la rue de l'*Evêché*, à g., gagner la place *Saint-Pierre* et visiter la Cathédrale. A la sortie de l'église, suivre la rue *Royale* jusqu'à la place de la *Préfecture*;

traverser cette place, en biaisant à g., et, par la rue *Maurice-Duval*, on atteindra la place du *Port-Communaux* vis-à-vis un pont sur l'Erdre. Monter à g. la rue de *Strasbourg* jusqu'à la troisième rue à dr., la rue de *Châteaudun*. Celle-ci descend à la place de l'*Hôtel-de-Ville*, et son prolongement, la rue *Thiers*, ramène encore devant l'Erdre.

Ayant franchi la rivière, on suivra à g. le quai d'*Orléans* jusqu'au prochain pont. A cet endroit, gravir à dr. la rue de *Feltre* et, après la place du *Bon-Pasteur*, continuer par la rue du *Calvaire* jusqu'au carrefour formé par la rencontre des rues *Boileau* et *Lafayette*. Suivre cette dernière à dr. jusqu'à la place *Lafayette*, où s'élève le Palais de Justice. A g. de la place, à l'angle de la Gendarmerie, prendre la rue *Marceau*; on croise le boulevard *Delorme*, planté d'arbres, et par les rues, à la suite, *Cassini* et de *La Galissonnière*, qui coupent les rues *Copernic* et *Racine*, on arrivera à l'intersection de la rue *Kléber*. Celle-ci, à g., descend à la place de la *Monnaie* où se trouve le Muséum d'histoire naturelle, au fond d'un square (ouvert les mardis, jeudis et dimanches, de midi à 4 h.; les autres jours moyennant rétribution, 50 c.).

A dr. de la place de la Monnaie, la rue *Beaumanoir*, puis, de suite à g., la rue *Jean V*, mènent à l'entrée du Musée archéologique (public le dimanche et le jeudi, de midi à 4 h.; les autres jours moyennant rétribution, 50 c.).

Après la visite du musée, prenant à dr. la rue des *Irlandais*, prolongée par la rue des *Cadeniers*, on arrivera devant la grille d'entrée du cours de la *République*, situé à g. Traverser cette promenade, décorée de la statue du général *Cambronne*, pour regagner la place *Graslin*, à g., par la petite rue *Piron*.

A la place Graslin, la deuxième rue à dr., la rue *Jean-Jacques-Rousseau*, descend au quai de la *Fosse*. Sur ce quai, qui s'étend très loin à dr., se trouvent le port de Nantes, la gare maritime et les points d'embarquement et de débarquement des navires qui font le service de Saint-Nazaire à Nantes.

Remonter à g. le quai de la *Fosse*, pour passer devant le Palais de la Bourse, et, par le quai de la *Bourse*, gagner le premier pont à dr. au-dessus de l'un des bras de la Loire, ce fleuve divisant la ville, au Sud, en plusieurs îles. De l'autre côté du pont, traverser la place de la *Petite-Hollande* en bordure des Halles, ensuite le *pont Maudit*. Ici, tournant à g. sur le quai de l'*Hôpital*, on passera devant le square de l'Hôtel-Dieu. Arrivé à la chaussée de la *Magdelaine*, retraverser la Loire à g., dont les deux bras sont reliés par la rue *Bonsecours*. Après le second pont, suivre à g. les quais *Flesselles* et *Brancas*; ils ramèneront vers la Bourse, à la place du *Commerce*. Traverser cette place en biais, à dr., et par la ruelle de la *Bourse*, à l'angle droit du monument, se diriger vers l'entrée du passage *Pommeray*. Celui-ci conduit dans le haut de la rue *Crébillon*, d'où l'on regagne, à g., la place *Graslin*.

**Excursions recommandées au départ de Nantes. —
Les ruines du château de Clisson (59 kil. 700 m.,
aller et retour).**

Itinéraire: De l'hôtel des *Voyageurs* à la place *Pirmil* (2.7 —
Pavé: 23'), *V.* page 67.

Traversant la place Pirmil, on continuera par la rue *Saint-Jacques* (Pavé: 10'), qui passe devant l'Hôpital Saint-Jacques et, un
peu plus loin, devant la chapelle de Notre-Dame-de-Bonne-Garde.

La r. s'élève légèrement, puis se déroule toute droite sur un plateau
coupé par la *ligne de Nantes* à *La Roche-sur-Yon.* Parvenu à la
bifurcation de La Brillaudière (11.5), on devra abandonner la
direction de La Chapelle-Heulin (5.5) et de Vallet (12) pour prendre
celle du Pallet, à dr.

Le sol s'accidente; plusieurs petites côtes. On croise encore deux
fois la ligne du ch. de fer avant d'entrer dans le village du Pallet
(7.5 — Hôt. de la *Croix-Verte*). Après cette localité, descente
rapide pour franchir la *Sainguesne,* affluent de la *Sèvre,* puis
montée douce. La r. se déroule pendant environ quatre kil. et demi
sur une nouvelle plaine, ensuite descend rejoindre (5.5) la r. de
Vallet (6.5). Ici, tournant à dr., bientôt apparaîtra la petite ville de
Clisson, dans une situation des plus pittoresques, au confluent de
la *Moine* et de la *Sèvre-Nantaise.*

En arrivant à Clisson (2.5 — Ch.-l. de c. — 2.904 hab.), se
rendre à l'hôtel de l'*Europe,* où l'on déposera sa machine, pour
aller ensuite visiter les ruines imposantes du Château (pourboire
50 c.) évoquant le souvenir du grand connétable de France, Olivier
de Clisson, l'ami et le compagnon d'armes de Du Guesclin.

A la sortie du château, voir également les deux magnifiques parcs
des garennes Lemot et Valentin (admirables points de vue).

Retour de Clisson à Nantes (29.7) par le même itinéraire, ou, si
l'on préfère, par Aigrefeuille (9 — Ch.-l. de c. — 1,391 hab. —
Hôt. du *Grand-Cerf*), Les Sorinières (13) et Nantes (8), le trajet
étant à peu près de même longueur.

Le lac de Grand-Lieu (42 kil. 100 m., aller et retour).

Itinéraire: De l'hôtel des *Voyageurs* à la place *Pirmil* (2.7 —
Pavé: 23), *V.* page 67.

Traverser la place Pirmil, en biaisant à dr., et suivre la rue *Dos-
d'Ane* (Pavé: 15'). Ayant franchi la *Sèvre* au *pont Rousseau,* on
continuera par la rue *d'Alsace-Lorraine* et la rue *Félix-Faure* qui
lui fait suite.

Parvenu à une bifurcation (**1**), où cesse le pavage, laisser à dr. la rue *Thiers*, par laquelle on reviendra de l'excursion, et continuer devant soi la rue *Sadi-Carnot*.

A la sortie du faubourg, la r. passe devant l'église Saint-Paul, puis conduit à la bifurcation (**1.7**) du Chêne-Creux.

Ici, abandonner la grande r. et suivre à dr. le ch. de Pont-Saint-Martin (**7.5**). Dans cette localité, on traverse l'*Ognon* pour continuer par La Chevrolière (**4.5**) et, de là, gagner le village de Passay (**2** — Aub. du *Lac*), situé à cinq cents m. du bord du lac de *Grand-Lieu*, vaste nappe d'eau de 7.000 hectares d'étendue.

Pour varier, revenir à Nantes par Pont-Saint-Martin (**6.5**). le hameau de Champ-de-Foire (**3**) et la station de Bouguenais (**1**) où l'on rejoint la r. de Bouaye à Nantes (**9.2**).

Les plages nantaises, *V.* le *Guide de la Bretagne*.

Pour mémoire. — De Nantes à Vannes, par Bel-Air (**3**), Sautron (**7**), Le Bois-de-la-Noue (**8**), Le Temple (**1**), La Merlerie (**5**), La Croix-Blanche (**1**), Le Point-du-Jour (**2**), Savenay (**6** — Hôt. de *Bretagne*), Pont-Château (**11** — Hôt. *Rivière*), Missillac (**9**), Mouton-Blanc (**6**), La Roche-Bernard (**1** — Hôt. des *Voyageurs*), Muzillac (**16** — Hôt. *Hercé*). La Trinité (**10**), Le Moustoir (**3**), Theix (**2**), Saint-Léonard (**5**), La Poulfranc (**1**) et Vannes (**3** — Ch.-l. du dép. du Morbihan. — 22.182 hab. — Hôt. du *Commerce*).

De Nantes à Rennes, deux routes :

A. — Par Gesvres (**14**), Bout-de-Bois (**14**), Nozay (**14** — Hôt. *Maucart*), Derval (**12** — Hôt. *Didier*), La Bréharaye (**9**), Bain (**10** — Hôt. du *Croissant*), Roudun (**7**). Bout-de-la-Lande (**11**) et Rennes (**16** — Ch.-l. du dép. d'Ille-et-Vilaine. — 69.937 hab. — Hôt. *Continental*).

B. — Par Carquefou (**11** — Hôt. *Pineau*), Petit-Mars (**12**), Nort (**6** — Hôt. des *Voyageurs*), Joué-sur-Erdre (**9**), La Meilleraie (**10**), Moisdon-la-Rivière (**7** — Hôt. *Hallet*), Châteaubriant (**11**) et Rennes (**53** — *V.*, page 54, d'*Angers* à *Rennes*).

De Nantes à Laval, par Châteaubriant (**66** — *V.* ci-dessus de *Nantes* à *Rennes*, *B*), Soudan (**6**), Pouancé (**10**) et Laval (**51** — *V.*, page 59, d'*Ancenis* à *Laval*).

De Nantes à Saumur, *V.*, en sens inverse, page 47.

De **Nantes** à **Poitiers**, par Clisson (**30** — *V.* page 64), Torfou (**13**), Le Longeron (**5**), Mortagne-sur-Sèvre (**10** — Hôt. de la *Boule-d'Or*), Saint-Laurent (**6**), Châtillon-sur-Sèvre (**12** — Hôt. de la *Tête-Noire*), Rorthays (**5**), **Bressuire** (**17** — Ch.-l. d'arr. — 4.668 hab. — Hôt. du *Dauphin*), Chiché (**11**), **Parthenay** (**20** — Ch.-l. d'arr. — 6.915 hab. — Hôt. *Tranchant*), La Ferrière (**11**), Chalandray (**10**), Ayron (**3**), Frozes (**5**) et Poitiers (**19** — Ch.-l. du dép. de la Vienne. — 38.518 hab. — Hôt. des *Trois-Piliers*).

De **Nantes** à **Niort**, par Les Sorinières (**8**), Aigrefeuille (**12** — Hôt. du *Grand-Cerf*), Remouillé (**3**), Saint-Hilaire-de-Loulay (**7**), Montaigu (**3** — Hôt. *Delahaye*), Saint-Georges (**5**), Saint-Fulgent (**14** — Hôt. du *Chevreuil*), La Guierche (**3**), Les Quatre-Chemins-de-Loye (**1**), Sainte-Florence (**2**), Saint-Vincent (**8**), Chantonnay (**6** — Hôt. du *Mouton*), La Réorthe (**10**), Péolo (**2**), Sainte-Hermine (**5** — Hôt. des *Voyageurs*), Saint-Étienne-de-Brillouet (**5**), Petosse (**10**), **Fontenay-le-Comte** (**7** — Ch.-l. d'arr. — 10.006 hab. — Hôt. de *France*), Oulmes (**13**) et Niort (**18** — Ch.-l. du dép. des Deux-Sèvres. — 23.674 hab. — Hôt. de *France*; du *Raisin-de-Bourgogne*).

De **Nantes** à **La Rochelle**, par Sainte-Hermine (**90** — *V.* ci-dessus, de *Nantes à Niort*), Saint-Jean-de-Beugné (**4**), Saint-Gemme (**5**), Moreilles (**7**), Chaillé-les-Marais (**6** — Hôt. de *France*), Le Sableau (**4**), Marans (**7** — Hôt. des *Postes*), Sérigny (**5**), Grolaud (**10**), Dompierre (**2**) et La Rochelle (**7** — Ch.-l. du dép. de la Charente-Inférieure. — 28.376 hab. — Hôt. de *France*).

De **Nantes** à **La Roche-sur-Yon**, par Saint-Philibert-de-Bouaine (**28**), Rocheservière (**7** — Hôt. des *Voyageurs*), Les Lucs (**8**), Belleville (**8**) et La Roche-sur-Yon (**13** — Ch.-l. du dép. de la Vendée. — 12.710 hab. — Hôt. de l'*Europe*).

DE NANTES A SAINT-FLORENT-LE-VIEIL

Par Saint-Sébastien, La Varenne, Champtoceaux, Drain, Liré, Bouzille et Le Marillais.

Distance : **53** kil. **300** m. Côtes : **1** h. **30** min.
Pavé : **23** min.

Nota. — Cette route, qui offre de magnifiques points de vue sur la vallée de la Loire, est très accidentée entre La Varenne et Champtoceaux ; deux fortes côtes de treize cents et de onze cents m. De Liré à Bouzille, montée presque continuelle.

Au départ de l'hôtel des *Voyageurs*, se diriger à g. vers la place *Graslin* (Pavé : 18'); sur cette place, descendre la deuxième rue à g., la rue *Jean-Jacques-Rousseau*, qui conduit au quai de la *Fosse*. Passer devant le Palais de la Bourse, puis, prenant à g. le quai de la *Bourse*, on traversera le premier pont à dr. sur la *Loire*. Après la place de la *Petite-Hollande*, en bordure des Halles, on franchit le *pont Maudit*, pour continuer par la rue *Haudaudine*. Après un troisième pont, traversant le bras de la Magdelaine, on suivra devant soi la rue *Louis-Blanc*; celle-ci aboutit à la place de la *République*, voisine de la gare du ch. de fer de l'Etat.
Ici, le pavage cessant, prendre la deuxième avenue à g., l'avenue *Victor-Hugo*. On rencontre un passage à niveau, ensuite deux autres ponts (Pavé : 2'), sur deux bras étroits du fleuve, avant d'atteindre la place *Victor-Mangin*, vis-à-vis le *pont de Pirmil* (Pavé : 3'). De l'autre côté de ce pont, au-dessus du plus large bras de la Loire, on atteint la place de *Pirmil* (**3.3**), à l'entrée de l'un des faubourgs éloignés de Nantes.
Tourner à g. et suivre, jusqu'à son extrémité, le quai de la *Côte Saint-Sébastien*, en passant devant deux restaurants très fréquentés par les Nantais (renommée de poissons frais).
Là où le quai cesse, la r., tournant à angle droit, monte un moment (3'), puis s'engage à g., entre deux

murs, pour passer un peu plus loin au hameau de Portéchais précédant le village de Saint-Sébastien (**3.4**) ; on perd de vue la Loire.

Après deux petites côtes (2' et 1') et une courte descente, on négligera à dr. (**2.1**) le ch. de Basse et de Haute-Goulaine (5.1) pour continuer tout droit, sur la *levée de la Loire*, au milieu des prairies.

Trois kil. plus loin, on rejoint le bord du fleuve, et successivement on rencontre les gros hameaux de Boire-Courant (**5.1**), du Haut-Village, celui-ci au pont de Thouaré (**1.6**), de la Chebuette (**1.2**), de Pierre-Percée (**2.5**) et de la Pinsonnière, ce dernier au pont de Mauves (**1.5** — Hôt. de la *Loire*).

Trois kil. environ après le pont de Mauves, la r. infléchit à dr. et s'écarte de la Loire, qui coule au pied d'une haute falaise de roches bordant la rive opposée. On passe au-dessous du hameau de Port-Moron, puis on s'élève sur le coteau (Côte : 5') pour rejoindre (**3.8**) le ch. de La Chapelle-Heulin (15.3) à La Varenne ; tourner à g. Petite descente, ensuite montée.

Une côte de treize cents m. (18'), durant laquelle on a une fort jolie vue sur la vallée et les collines environnantes, parsemées de villages et de châteaux, conduit à La Varenne (**1.8**).

Dépassé ce village, la r. s'accidente sérieusement : descente, puis côte (7') avant le hameau de la Gulotière (**1.8**) ; ensuite une autre descente, suivie d'une côte (6'), précède le hameau de la Coindassière (**1.6**). On se rapproche du fleuve tandis qu'apparaît sur l'autre rive l'énorme tour d'Oudon (*V.* page 60). Descente rapide de sept cents m., tracée en courts lacets, jusqu'à l'entrée du pont qui relie à Oudon (**1.2**). Laissant ce pont à g., la r. remonte en corniche, pendant onze cents m. (16'), et découvre un des plus beaux panoramas du cours de la Loire avant d'atteindre Champtoceaux (**1.2** — Ch.-l. de c. — 1.395 hab. — Hôt. de la *Boule-d'Or* ; des *Voyageurs*).

Dans cette localité, tourner à g. Aux dernières maisons, une descente rapide de quinze cents m., à brusques tournants, ramène au pied de la colline parmi de verdoyants pâturages ; la r. s'aplanit. Elle passe au-dessous de Drain (**1.7**), puis, après une petite montée (**2'**), à Liré (**3.4**), où croise la r. d'Ancenis (2.4 — *V.* page 58) à Clisson (32).

Le trajet devient pénible entre Liré et Bouzille. Pour gagner ce dernier village, situé au point culminant du plateau, il faut gravir six côtes (5', 4', 3', 2', 5' et 6'); vue étendue à g. Parvenu au sommet de la rue escarpée de Bouzille (**4.3**), on est dédommagé par une belle descente de deux kil. : à dr., se détache (**0.5**) le ch. de La Chapelle-Saint-Florent (4).

Au bas de la pente, se déploie une plaine de cultures; puis, par deux rampes insensibles, on arrive au bourg Saint-Jean (**3.5**). La r. continue dans les mêmes conditions jusqu'à la descente modérée qui précède la traversée de la rivière de l'*Evre*, dans le voisinage de Marillais (**3**). Après une côte (5'), on descend en pente douce à la bifurcation (**1.5**) de la r. de Cholet (37.2) et de Beaupréau (19.2) à Varades (3).

Si l'on fait étape à Saint-Florent-le-Vieil (Ch.-l. de c. — 2.096 hab.), descendre la rue à g., en laissant à dr., quelques m. plus loin, la r. d'Angers par la rive g. de la Loire. Au bas de la rue, on aboutit sur une place, vis-à-vis le pont; à dr., se trouve situé l'hôtel de la *Boule-d'Or* (**0.4**).

Visite de la ville de Saint-Florent-le-Vieil (environ 3/4 h.). — La rue escarpée, à g. de la place, conduit à l'église paroissiale. Celle-ci renferme le mausolée de *Bonchamps*, général vendéen, l'un des chefs-d'œuvre de David d'Angers. Vis-à-vis le portail de l'église se trouve la Promenade, d'où l'on a une vue admirable sur la Loire et ses îles, la petite ville de Varades et les coteaux de la rive opposée. A l'extrémité de la promenade, au point le plus élevé, se dresse la Colonne commémorative du passage à Saint-Florent de la duchesse d'Angoulême, le 22 septembre 1823.

Pour mémoire. — De Saint-Florent-le-Vieil à Cholet, par Saint-Pierre-Montlimart (**11**), Beaupréau (**9** — Hôt. de *France*) et Cholet (**19** — Ch.-l. d'arr. — 17.814 hab. — Hôt. de *France*).

DE SAINT-FLORENT-LE-VIEIL A ANGERS

Par Le Mesnil, Montjean, Chalonnes, Ardenay, Rochefort-sur-Loire, Denée, Murs, La Roche-Erigné et les Ponts-de-Cé.

Distance : **51** kil. **300** m. *Côtes :* **1** h. **38** min.
Pavé : **23** min.

Nota. — Route, en partie accidentée, montant jusqu'au Mesnil; fortement ondulée entre Montjean et Chalonnes. Au delà de Chalonnes, longue côte de deux kil. De Rochefort-sur-Loire à La Roche-Erigné, succession de petites côtes et de descentes qui rendent le trajet fatigant. De La Roche-Erigné à Angers, plat. Point de vue remarquable sur la vallée de la Loire, à la côte d'Ardenay.

A la sortie de l'hôtel de la *Boule-d'Or*, remonter à g. (4') la rue qui ramène vers la bifurcation des r. de Nantes et de Beaupréau, et, cinquante m. avant cette bifurcation, prendre à g. la r. d'Angers (**0.3**). Celle-ci ondule (Côtes : 2', 2' et 6') sur un plateau monotone, loin de la Loire. Après Le Mesnil (**6.3**), descente en laissant à g. (**0.9**) le ch. d'Ingrandes (3.7). La r. se déroule ensuite à plat, sauf une légère rampe de quatre cents m., jusqu'au bas de Montjean (**5.2**), dont les demeures entourent une église de vaste proportion, couronnant une éminence, à g.

De la terrasse de l'église de Montjean, on jouit d'un panorama incomparable sur la vallée de la Loire. S'y rendre à pied si l'on dispose de quelques moments.

A l'entrée de Montjean, la r. débouche vis-à-vis un beau calvaire. Ici, laisser à g. la direction de Champtocé (3.5), et continuer à dr. vers celle de Chalonnes. Quatre cents m. plus loin, ayant croisé la r. de Cholet (40.5), on monte (3'), à g. de la propriété du *Picotin*, pour rejoindre la r. de Montjean à Chalonnes ; tourner à dr. ; une côte (6').

Un instant, le cours du fleuve apparait à g. On parcourt une région mouvementée qu'entrecoupent des monticules et des ravins, aux pentes couvertes de vignes ; petites côtes (2' et 2') et descentes. Au carrefour de la Baudinière (**3.8**), le ch. de Saint-Quentin-en-Mauges (11.6) rejoint la r. Celle-ci ne cesse d'onduler (Raidillon : 1') ; puis, par une rampe terminée en côte (3' et 10'), s'élève vers deux moulins à vent ; on dévale ensuite un kil., entre des talus plantés de vignobles, pour arriver à Chalonnes (**5.3** — Ch.-l. de c. — 4.470 hab. — Hôt. de *France*).

Cette localité, au bord du *Louet*, un des bras de la Loire, s'étend sur une longue rue (Montée : 2' — Pavé : 3') ; à g., se détache la r. de Saint-Georges-sur-Loire (6.5).

A la sortie de la ville, on traverse les larges prairies arrosées par le *Layon*, qui se jette ici dans le Louet.

Après le pont, parvenu à une bifurcation, vis-à-vis le *château de la Pipe*, continuer à g. Le ch., ravissant, tracé au pied des coteaux, longe les prairies du Louet qui se confondent à l'horizon avec celles de la Loire ; on passe sous le pont de la *ligne d'Angers à Niort*.

Plus loin, le ch. quitte brusquement la direction de l'agréable vallée et, contournant un rocher, s'élève audessus d'une colline escarpée, par une longue côte de dix-sept cents m. (20'). A g., panorama splendide ; à dr., chapelle Sainte-Barbe. Plus haut, après une courbe accentuée, on laisse à dr. le petit village d'Ardenay (**1.9**). Reprise de la montée (4') jusqu'au pittoresque hameau de la Haie-Longue (**1.2**), situé au point culminant.

Belle descente de deux kil. pour revenir au niveau des prairies et gagner le bourg de Rochefort-sur-Loire **3.8** — Grand hôtel *Papin*).

La r. s'élève graduellement, sur une plaine légèrement onduleuse (Côtes : 4' et 3'), jusqu'à Denée (**1.3**), ce village orné, au coude de la r., d'un buste au sourire bienveillant.

Entre Denée et Murs, le parcours, à flanc de coteau, présente une série continuelle de courtes rampes (3', 3', 3', 2' et 2') alternant avec de brèves descentes ; dans le lointain, à g., apparaissent les clochers de la ville d'Angers. On traverse un vallon et, par une côte plus accentuée (5'), on atteint Murs (**5**). Au delà de cette localité, deux autres côtes (5' et 2') sont suivies d'une agréable descente et d'une légère montée (2') pour rejoindre (**3.2**) la r. transversale d'Angers à Chemillé (26.5).

Tournant à g., on arrivera, trois cents m. plus loin, au hameau de La Roche-Erigné (**0.3**), à la bifurcation du ch. de Brissac, à dr. de l'auberge du *Lion-d'Or*.

Ici, le cycliste, connaissant déjà Angers, qui désire continuer son voyage vers Saumur, par Brissac, et la rive g. de la Loire, selon l'itinéraire indiqué à la page 73, pourra faire étape à La Roche-Erigné. Dans ce cas, il devra s'arrêter à l'hôtel des *Voyageurs*, situé deux cents m. plus bas, sur la r. d'Angers, à dr. de l'entrée du premier pont des Ponts-de-Cé (**0.2**).

Si l'on préfère retourner à Angers (**7.6** — Pavé : 20'), on suivra, en sens inverse, l'itinéraire d'Angers à La Roche-Erigné, décrit à la page 73.

D'ANGERS A SAUMUR

Par Les Ponts-de-Cé, La Roche-Erigné, Huinois, Brissac, Coutures, Sallevillage, Gennes, Cunault, Trèves, Chenehutte - les - Tuffeaux et Saint-Hilaire-Saint-Florent.

Distance : **51** kil. **900** m. *Côtes :* **43** min.
Pavé : **35** min.

Nota. — Route légèrement accidentée, depuis La Roche-Erigné jusqu'au delà de Brissac. Descente de deux kil. vers Coutures ; puis côte d'un kil. après Sallevillage. Autre longue et belle descente à Gennes ; ensuite sol plat jusqu'à Saumur.

Quittant l'hôtel d'*Anjou,* tourner à dr. sur la place de *Lorraine,* pour suivre la rue *Ménage,* puis encore à dr. la rue *Desjardins* conduisant à la place *André Leroy* (O.O). Ici, prendre, vis-à-vis, la rue *Rabelais,* début de la r. des Ponts-de-Cé, qui descend insensiblement vers la *Loire.*

Aux Ponts-de-Cé (**1.7** — Ch.-l. de c. — 3.530 hab. — Hôt. du *Pigeon-d'Or*), le pavage (20') commence au pont sur l'*Authion,* rivière canalisée, avec un court intervalle macadamisé entre le premier et le second pont sur la Loire. A dr., la Gendarmerie occupe l'ancien *château des Ponts-de-Cé.* Sur le second pont, remarquer à g. la statue de *Dumnacus,* chef gaulois, qui opposa une vive résistance à César. Le maitre de Rome ayant été surpris par les Gaulois au moment où il inscrivait son nom sur le pont, n'aurait eu le temps d'écrire que *Pont-de-Cé*, d'où l'origine du nom de la localité.

Un quatrième et dernier pont franchit la rivière du *Louet*. A g., ch. de Juigné (3.9), de Saint-Jean (6.3) et de Blaison (13).

Un peu plus loin, on arrive à **La Roche-Erigné** (**2.3** — Côte : 6'), village dominé par un gracieux château moderne. Parvenu à la bifurcation (**0.2**), abandonnant à dr. la r. de Chemillé (26.7 — direction de la Roche-sur-Yon), par Saint-Lambert (14.2), continuer de monter à g. la r. de Doué (30) par Brissac.

' Celle-ci, excellente comme sol, serpente et ondule à travers une jolie contrée différente en tous points de celle que l'on a parcourue jusqu'ici. A dr., se détache le ch. de Soulaine (4.8), de Thouarcé (17.9) et de Vihiers (32.3); agréable descente. A g., s'éloigne la grande r. de Saumur par Juigné (2.7) et Coutures (14.3 — *V.* ci-dessous); continuer à dr. Deux côtes : la première, de cinq cents m. (5'), se prolonge plus douce pendant quatre cents m.; la seconde, de deux cents m.

Dépassé le hameau du Plessis (**3**), nouvelle rampe de deux cents m. De nombreux moulins à vent donnent au paysage un cachet particulier. Descente au village de l'Huinois (**3**) suivie de deux côtes (4' et 2'). La r., tournant à dr., atteint bientôt Brissac (**2.3**). Suivre devant soi la rue pavée (4') jusqu'à l'hôt. de la *Poste*, où l'on s'arrêtera. S'il est possible, aller visiter le Château avant le déjeuner.

Le château de Brissac, construit en 1610 par le maréchal de Cossé, n'est visible qu'en l'absence de la propriétaire actuelle Mme la vicomtesse de Tredern (45'; magnifiques appartements, galeries de tableaux, oratoire; dans le parc, mausolée des anciens ducs; gratification, 50 c.). Pour s'y rendre, à la sortie de l'hôtel, tourner à g. et descendre les escaliers de la petite place voisine; vis-à-vis, se trouve l'entrée du parc.

Après avoir vu le château, reprendre sa machine à l'hôtel et, tournant à dr. sur le pavé (3'), monter (2') plus loin, encore à dr., la rue macadamisée de la *Mairie*.

Traverser en biais la place du *Champ-de-Foire*, en passant à côté de la fontaine centrale, puis descendre la pente rapide de la r. de Saint-Mathurin. Au *carrefour des Joreaux*, se détache à g. le ch. de Saint-Saturnin (3.4); un peu plus loin, on franchit le passage à niveau de la *ligne d'Angers à Poitiers*.

Descente vers une plaine pittoresque, agrémentée de nombreux bois; ensuite deux côtes (5' et 2') précèdent les hameaux du Haguineau et de la Croix-Viau. On atteint ainsi le croisement (**5.8**) de la r. d'Angers à Saumur; ici, abandonner la direction de Saint-Mathurin (8) et tourner à dr.

La r., toute droite, s'élève d'abord en pente douce, puis, plus durement, pendant quatre cents m., à travers une région déserte, plantée de bois et de vignes. Au sommet de la montée, le pays, changeant d'aspect, découvre de belles et fertiles plaines.

Descente d'environ deux kil. jusqu'au village de Coutures (**4.3** — Hôt. des *Trois-Marchands*), en remarquant à g., sur une colline boisée, le *château de Montsabert* (1.7), forteresse féodale, propriété de Mme la comtesse de Caix de Saint-Aymour.

Après Coutures, on laisse à dr. le village de la Genaudière; petite côte de quatre cents m. (4'). Dépassé le carrefour des Bas-Champs, descente rapide de trois cents m. au Sallevillage (**6.1**), suivie d'une longue côte (12'). A g., une éclaircie permet d'entrevoir les fonds verdoyants de la vallée de la Loire, vers laquelle conduit une magnifique descente, commençant à la *borne 17.7*. La pente devient très rapide à partir de la *borne 17*, située près d'une *pierre levée* (menhir) qui se dresse dans le champ voisin, à dr. de la r.

Au bas de la descente, à Gennes (**3.6** — Ch.-l. de c. — 1.566 hab. — Hôt. de la *Loire*), dépassant à g. le pont suspendu qui conduit aux Rosiers, on continuera devant soi. Plus loin, à la petite place triangulaire, tourner à g. en laissant à dr. le gros du village de Gennes.

Le ch., tracé au pied de gracieuses collines boisées, d'où l'on extrait la pierre tendre du pays, dite *tuffeau*, cotoie à présent la rive g. de la Loire et passe successivement à Cunault (**3** — Curieuse église romane), au

pied des ruines du *château de Trèves* construit au
xv⁰ s. (**1.2** — visite du donjon, 25'; gratification, 50 c.),
au village de Chenehutte-les-Tuffeaux (**3.2**) et au hameau de La Mimerolle (**1.3**).

A présent, des prairies interceptent la vue du fleuve.
On traverse la localité de Saint-Hilaire-Saint-Florent
(**4**), connue pour ses caves, creusées dans le roc, où se
préparent les vins mousseux de Saumur. A la petite
place triangulaire, avoir soin de tourner à g., pour
franchir le pont sur la jolie rivière du *Thouet*, et par
une belle avenue, bordée d'arbres, on arrive à Saumur.

Ayant dépassé l'*Ecole de cavalerie* et le champ
d'exercice, entourés d'écuries et de manèges, continuer
par la rue *Beaurepaire* (Pavé: 8'). A l'extrémité de
cette rue, on atteindra le croisement de la rue d'*Orléans*, vis-à-vis le *bureau central de la Poste* (**3**), dans
le voisinage des hôtels de la *Paix* et de *Londres*.

Nota. — Pour la visite de la ville de Saumur, *V.* page 44.

DE SAUMUR A CHINON

Par Dampierre, Souzay, Parnay, Turquant, Montsoreau, Fontevrault, Montsoreau, Candes, Saint-
Germain, La Chaussée et Thizay.

Distance : **39** kil. **500** m. *Côtes :* **11** min.
Pavé : **15** min.

Nota. — Excellente route, à peu près plate sur tout le parcours,
à l'exception du trajet compris entre Montsoreau et Fontevrault
présentant trois côtes, dont une assez dure.

A la sortie de l'hôtel, se diriger vers la place de la
Bilange. Parvenu devant le pont de la *Loire*, prendre
à dr. du Théâtre le quai de *Limoges* (Pavé : 15') qui passe
devant l'Hôtel de Ville et, à la sortie de Saumur,
devant l'église de Notre-Dame-des-Ardilliers.

A l'extrémité du pavage (**1.1**), la r., plate, remonte,
toujours au pied de gracieuses collines, la rive g. du
fleuve. Arrivé au magnifique pont métallique de la
ligne de la Rochelle, se retourner pour admirer le
paysage.

Jusqu'à Montsoreau, la r., quoique en partie séparée
de la Loire par des prairies, s'égaye de nombreux hameaux et villages dont les plus importants sont Dampierre (**3.5**), Souzay (**2**), Parnay (**1**) et Turquant (**2**),
cette dernière localité laissée un peu à dr.

A l'entrée de Montsoreau (**2**), à l'angle de l'hôtel du
Lion-d'Or, tourner à dr. sur la r. de Loudun (25) par
Fontevrault. Celle-ci, remontant un joli vallon, pré-
sente deux côtes : la première, de trois cents m., et

la seconde, de cinq cents m., au village des Roches (**3**).
Plus loin, on gravit encore une forte rampe (10') pour
atteindre Fontevrault (**1**). Parvenu devant l'entrée de
la *Maison de détention*, on tournera à dr. pour aller
déjeuner et laisser en garde sa machine à l'hôtel de
France (**0.2**).

L'abbaye de Fontevrault, aujourd'hui transformée en
Maison de détention, est visible tous les jours de 2 h. à 4 h. 1/2.
Frapper à la porte et faire passer sa carte au directeur. Un gardien
fait visiter, mais il lui est interdit de recevoir aucune gratification.
· Dans cette célèbre abbaye, construite vers la fin du xɪᵉ s., on
remarque la tour d'Evrault, le cloître, la salle capitulaire et l'église
abbatiale. Celle-ci renferme les tombeaux des rois d'Angleterre
Henri II et Richard Cœur de Lion.
A la sortie de l'abbaye, on ira voir l'église paroissiale de Fontevrault, la chapelle funéraire de sainte-Catherine, voisine de
l'église, et les restes de l'hôpital fondé par Mᵐᵉ de Montespan.

Reprendre sa machine à l'hôtel, puis redescendre au
village de Montsoreau (**1.2**). Parvenu au quai de la
Loire, tourner à dr.; cinq cents m. plus loin, on passe
devant le Château.

· **Le château de Montsoreau,** du xvᵉ s., qui, vu de l'autre
rive du fleuve, semble considérable (*V.* page 43), n'est plus de près
qu'une lamentable ruine. Le dernier propriétaire du château, le
comte de Tourzel, le vendit il y a quelques années pour la somme
de douze mille francs. Les étages du haut ont été transformés en
greniers, ceux du bas en pièces habitées aujourd'hui par des paysans.
On visite seulement un escalier Renaissance, et il se dégage une
grande tristesse des ruines de ce magnifique domaine aux roman-
tiques souvenirs.

Dépassé le château de Montsoreau, on atteint bientôt,
dans un site superbe, le confluent de la *Vienne* et de
la *Loire.* Quittant cette dernière vallée, une courte
côte (2') conduit au petit bourg de Candes, où mourut
Saint-Martin en 397 (**1** — Eglise du xɪɪᵉ s. décorée
d'un charmant portail); quatre passages pavés.
A la sortie de Candes, légère montée; puis la r., se
déroulant entre des collines, à dr., et les prairies de la
Vienne, à g., descend doucement, sauf une montée de
deux cents m., jusqu'au village de Saint-Germain (**2.5**).

A cet endroit, on cotoie un moment le cours paisible de la rivière restée quelque temps à l'écart.

Six cents m. plus loin, petite côte (2') suivie d'une descente; on s'éloigne de nouveau de la Vienne. La r , délicieusement ombragée, passe à La Chaussée (**2.1**) et laisse à dr. Thizay (**2.5**).

A hauteur de la *borne 10*, la contrée devient plus découverte. A dr., s'ouvre la vallée du *Negron*, par laquelle viennent déboucher (**5**) la r. de Loudun (20) et la ligne du ch. de fer. On longe la voie ferrée, ensuite la r. s'élève doucement pendant huit cents m. A g., apparaissent, entre les arbres, les ruines du *château de Chinon* qui couronnent la colline, dans un des sites les plus attrayants de la Touraine.

Parvenu au passage à niveau (**2.9**), ne pas le traverser, mais tourner à g. pour gagner Chinon par une magnifique avenue de peupliers, longue d'un kil. On franchit un premier pont, puis, au delà du faubourg *Saint-Jacques*, un second pont en pierre sur la Vienne.

Ici, tourner à dr. dans la gracieuse ville de Chinon (Ch.-l. d'arr. — 6.187 hab.) par le quai *Jeanne-d'Arc* et, ayant dépassé la statue de *Rabelais*, on atteindra l'hôtel recommandé de la *Boule-d'Or*, situé au n° 18 (**2.5** — Café du *Commerce et de la Paix*. — Vins rouges de Chinon renommés).

Visite de la ville et du château de Chinon (environ 2 h. 1/2). — Suivre le quai *Jeanne-d'Arc*, a dr. de l'hôtel de la *Boule-d'Or*, jusqu'à la statue de *Rabelais*. Ici, tournant à dr., traverser la place de l'*Hôtel-de-Ville*; puis, à l'extrémité de cette place, de l'autre côté de la fontaine, gravir la ruelle escarpée de *La Brèche*. Au sommet des escaliers, prendre à g. la rue du *Puits-des-Bancs* (vue magnifique sur la vallée de la *Vienne* et la ville de Chinon). On passe au pied des vestiges, sans intérêt, du château Saint-Georges, construit en 1151 par Henri II, Plantagenet, et l'on arrive au pont, à balustrades de pierre ajourées, précédant la tour de l'Horloge, entrée des ruines du château du Milieu (public les dimanches et jours de fêtes, de midi à la chute du jour, à partir du 1er avril au 1er novembre; les autres jours, moyennant rétribution, 50 c.; sonner à la porte).

Le château du Milieu, construit au XII° s., plus tard agrandi par les rois Charles VI, Charles VII et Louis XI qui y résidèrent, renferme les ruines du Logis Royal. Dans ce dernier refuge de la royauté, lorsque l'invasion anglaise amena la cour sur les bords de la Loire, au XV° s., on voit encore la salle où Jeanne d'Arc reconnut Charles VII, le 8 mars 1429, la chambre qu'habita Louis XI.

Un second pont en pierre, à deux arches, au-dessus des douves, relie le château du Milieu au château du Coudray. Celui-ci remonte au XI° s.; on y visite les restes de la tour Cylindrique, habitée par Jeanne d'Arc jusqu'à son départ pour délivrer la France du joug des Anglais, et la chapelle Saint-Martin où l'héroïne allait prier.

Après avoir parcouru ces ruines historiques, on retraversera le pont qui sépare les deux châteaux pour prendre, aussitôt à g., un sentier entouré de verdure; il conduit à l'entrée d'un escalier, à g., descendant (sans danger) aux trois étages inférieurs de la tour d'Argenton. Revenu à l'issue de l'escalier et continuant l'allée à g., on arrivera à la tour des Chiens, pourvue également d'un escalier descendant à trois étages. De la tour des Chiens, regagner la sortie du château du Milieu, à la tour de l'Horloge.

— Si l'on dispose d'une demi-heure, on pourra aller entendre l'*écho des Rondières*, en prenant, à l'extrémité du pont, le ch. à g., le long du fossé. Ce ch. conduit à la route descendante de Tours; la traverser à g. et continuer par le ch. vis-à-vis, montant, d'abord entre deux murs, puis, plus haut, entre des haies. On dépasse successivement à g. une maisonnette, ensuite un ch. A soixante m. de l'embranchement, parvenu devant un petit portail en biais, à dr., s'arrêter, et, faisant face au château, réveiller l'écho. —

Suivre, vis-à-vis la tour de l'Horloge, la voie bordée d'acacias; puis prendre le premier ch. à dr. qui, sous le nom de rue *Jeanne-d'Arc*, descend en lacets vers la ville. Au bas, la rue *Voltaire*, à dr., mène à la petite place *Saint-Maurice*, où se trouve l'église de ce nom, en contrebas à g.

A la sortie de l'église, revenant sur ses pas par la rue *Voltaire*, à dr., on regagnera la place de l'Hôtel-de-Ville. Traverser cette place et continuer, vis-à-vis, par la rue *Jean-Jacques-Rousseau* (dans la première rue à dr., de la *Lamproie*, sur l'emplacement du n° 15, s'élevait au XVI° s. la maison de Rabelais), jusqu'à hauteur du n° 64. Ici, s'ouvre a dr. la rue *Philippe-de-Comines*, dans laquelle est située à g. l'église Saint-Etienne.

A la sortie de l'église, reprendre la rue Jean-Jacques-Rousseau à dr. Elle aboutit à la place *Saint-Mexme*, où l'on voit à g. les restes de l'ancienne collégiale Saint-Mexme, aujourd'hui désaffectée.

Continuer, de l'autre côté de la place, par la rue *Diderot*, jusqu'à la rue *Buffon*; celle-ci, la deuxième à dr., débouche sur la place

Jeanne-d'Arc, décorée d'une belle statue équestre. En obliquant à dr., on rejoint le quai qui ramène à dr. à l'hôtel de la *Boule-d'Or*.

La ville de Chinon renferme quantité d'anciennes maisons des XV° et XVI° s.

Excursion recommandée au départ de Chinon. — A Richelieu (21 kil. 800 m. jusqu'à Richelieu, ou 44 kil. 800 m. jusqu'à Noyant, sur la r. de *Chinon à Loches, V.* page 83).

Itinéraire : De Chinon au premier ch. de Richelieu (6), *V.* page 83.

Le ch. de Richelieu, ayant traversé le passage à niveau de la *ligne de Chinon à La Celle-Saint-Avant*, longe la petite ligne départementale de Chinon à Richelieu et remonte, d'abord insensiblement, le vallon de la *Veude*.

Au delà d'un second passage à niveau (3), les côtes commencent. On s'écarte du ruisseau pour s'élever (2', 1'; 4' et 2'), entre des guérets, vers un plateau de cultures. On descend ensuite à la bifurcation (1.7) du ch. de Lémeré, laissé à g., à mi-distance de Richelieu.

Après trois courtes montées (3', 2' et 3') et avoir croisé encore deux fois la ligne, on atteint, au milieu de fraîches prairies, l'extrémité du village de Champigny (4.7) où les deux r. de Chinon viennent se rejoindre.

Ici, négligeant à dr. le ch. de Pouant (7.9), on continuera, à plat, parallèlement à la ligne, jusqu'à l'entrée de Richelieu (Ch.-l. de c. — 2.318 hab.). Cette curieuse petite ville, bâtie en quadrilatère, sur un plan régulier, fut fondée par le célèbre cardinal.

Ayant franchi une porte à pont-levis, on se trouve sur une première place, plantée d'arbres (6), d'où se détache à g. le ch. de Courcoué.

La large rue, vis-à-vis, bordée de maisons uniformes, de style Louis XIII, à grands portails, donne à la ville un cachet tout spécial. Elle aboutit à une seconde place, semblable à la première, où sont situés : l'église, à dr., et l'hôtel du *Faisan*, à g. (0.4).

De cette place, trois courtes rues conduisent vers trois autres portes, dans les directions de Loudun (18.4), à dr., et de Châtellerault (28.8), en face. Quant à la porte de la ville, à g., elle a été murée. De l'autre côté de la porte de Châtellerault, un grand rond-point précède la grille du parc du Château. Une propriété moderne, sans caractère, remplace l'ancien château du cardinal de Richelieu.

De Richelieu on pourra : soit revenir à Chinon par le même ch., soit rejoindre, à l'Isle-Bouchard (*V.* ci-dessous), ou plus loin, à

Noyant, l'itinéraire de la r. de Chinon à Loches (*V.* page 83). Dans ce dernier cas, continuer comme il suit :

De l'hôtel du Faisan, regagner la première place (**0.4**), pour prendre à dr. la r. de Courcoué. Celle-ci traverse la Veude et se dirige vers un coteau crayeux, au bas duquel se détache à g. (**3.6**) la r. de l'Isle-Bouchard (12.1); continuer à dr.

Deux rampes (8' et 12'), sur les larges ondulations d'un paysage monotone, précèdent Courcoué (**2.3**). On descend ensuite ; puis, contournant un second coteau de teinte blanchâtre, on atteint Vineuil (**5.3**). Après ce village, une haute colline à gravir occasionne une forte côte (20').

Descente douce à Rilly (**3.5**), plus rapide au delà, pendant dix-sept cents m., vers la vallée-plaine de la *Vienne*. On franchit cette rivière à l'entrée de Pouzay (**4.3**).

Après Pouzay, la r. traverse la *ligne de Chinon à La Celle-Saint-Avant*, puis s'élève, toute droite, par une montée en partie assez rude (25'), jusqu'à la lisière d'un petit bois ; elle descend ensuite légèrement et rencontre (**3.6**) la r. de Chinon à Loches, vis-à-vis le village de Noyant.

Pour mémoire. — De **Chinon** à **Azay-le-Rideau**, *V.*, en sens inverse, page 41.

De **Chinon** à **Loudun**, par La Roche-Clermault (**7**), Beuxes (**4**) et Loudun (**13** — Ch.-l. d'arr. — 4.617 hab. — Hôt. de *France*).

De **Chinon** à **Poitiers**, par Richelieu (**22** — *V.* page 81) et Poitiers (**16** — *V.*, page 41, d'*Azay-le-Rideau à Poitiers*).

DE CHINON A LOCHES

PAR ANCHÉ, SAZILLY, TAVANT, L'ISLE-BOUCHARD, NOYANT, SAINTE-MAURE, LA BOSSÉE ET MANTHELAN.

Distance : **61** kil. **800** m. *Côtes :* **1** h. **25** min.

Nota. — De Chinon à Loches, la route, insignifiante, en partie ondulée. ne présente aucune curiosité à voir. Cette étape étant assez longue, on arrivera à Loches pour dîner et l'on visitera la ville seulement le lendemain matin avant le déjeuner. Le cycliste, disposant de tout son temps, pourra passer une journée entière à Loches pour se reposer.

De Chinon à l'Isle-Bouchard, il existe deux routes : celle sur la rive dr. de la Vienne et celle sur la rive g. La première, qui raccourcit de trois kil. environ, seulement praticable pendant la belle saison, quitte Chinon par le quai *Jeanne-d'Arc*, à g., en sortant de l'hôtel de la *Boule-d'Or*, et passe au hameau de Briançon. La route de la rive g., bonne de tout temps, sera celle que nous décrirons.

N'étant pas pressé, on pourrait comprendre l'excursion à la ville de Richelieu dans l'étape de Chinon à Loches, en allongeant de seize kil. Dans ce cas, se rendre de Chinon à Noyant, comme il est indiqué à l'itinéraire de *l'excursion recommandée au départ de Chinon*, page 81, et coucher à Sainte-Maure si l'on ne peut atteindre Loches le même jour.

Au sortir de l'hôtel de la *Boule-d'Or*, prendre à dr. le quai *Jeanne-d'Arc*, repasser le pont en pierre sur la *Vienne*, traverser le faubourg *Saint-Jacques* et suivre la belle avenue de peupliers, qu'on connait déjà, jusqu'au passage à niveau du ch. de fer (**2.5**).

Ici, laisser à dr. la r. de Saumur, par laquelle on est venu, et, traversant la voie ferrée, tourner à g. sur la r. de l'Isle-Bouchard. Celle-ci monte très légèrement à travers une contrée peu intéressante, dépassant à dr. (**3.5**) un premier chemin dans la direction de Richelieu (15.4 — *V*. page 81).

Après avoir franchi la *Veude*, se détache encore à dr. (**0.6**) une seconde r., mais plus accidentée, conduisant aussi à Richelieu, par Champigny. On longe la ligne du ch. de fer pour passer successivement à Anché (**1.1**), à Sazilly (**3.5**) et à Tavant (**3.5** — une bande pavée) villages qui possèdent de remarquables églises des xie et xiie s.

Au delà de Tavant, la r. se rapproche un moment de la Vienne, rivière dont elle se tenait écartée depuis Chinon.

Parvenu à la place, avec fontaine, du gros bourg de l'Isle-Bouchard (**3** — Ch.-l. de c. — 1.466 hab. — Hôt. du *Dauphin* — trois passages pavés), tourner à g. pour traverser plus loin la Vienne sur un double et élégant pont suspendu qui relie l'Isle-Bouchard au faubourg de Saint-Gilles. On arrive ainsi, à l'extrémité de la rue et à l'angle de la vieille église de Saint-Gilles, au croisement (**0.9**) des r. de Chinon (par la rive dr. de la Vienne) et d'Azay-le-Rideau (17); tourner à dr.

La chaussée, continuant monotone, franchit deux passages à niveau, entre lesquels on laisse à g. le village de Crouzilles; puis commence à monter, d'abord doucement, pendant sept cents m., ensuite, assez rapidement pendant six cents m. (5'). On domine la vallée, ici très large et sans caractère, tandis que la Vienne, décrivant une courbe prononcée, s'éloigne vers le Sud.

Depuis la *borne 31*, descente, suivie de deux côtes (2' et 8'), en laissant à dr. des fours à chaux et le village de Trogues (**5.5**). A une autre descente, on longe à g. la lisière des *bois de Boizé*; tandis qu'à dr., la plaine s'étend à perte de vue. Nouvelle longue côte (15'), ensuite une pente très douce mène à hauteur du village de Noyant, vis-à-vis l'embranchement (**1.7**) de la r. de Richelieu (23.6), laissée à dr.

Petite côte escarpée (8') pour atteindre le hameau des Colombelles (**1.5** — nombreux débits), où l'on franchit le pont sur la *ligne de Tours à Bordeaux*.

La r., toute droite, après deux montées insignifiantes, descend pendant un kil. vers la vallée de la *Manse* et rejoint la r. nationale de Bordeaux à Paris (au kil. 268 de Paris). Ici, tourner à g. pour atteindre les premières maisons de Sainte-Maure (**3.1** — Ch.-l. de c. — 2.518 hab. — Hôt. du *Cheval-Blanc*); puis, un peu plus loin, quittant la r. de Châtellerault (35) à Tours (34), tourner à dr. dans la rue *Saint-Mesmin*, début de la r. de Loches.

On monte un moment (9'), ensuite la r., au sortir de Sainte-Maure, ondule, passe devant quelques bouquets de chênes et, après avoir escaladé un premier raidillon, s'élève graduellement (3', 3' et 2') vers une plaine peu intéressante.

Sur cette plaine, on rencontre le village de La Bossée (**9.4**), puis celui plus considérable de Manthelan (**5.1** — Hôt. du *Lion-d'Or*), situé au croisement de la r. de Ligueil (10.5) à Tours (32).

Après avoir franchi la petite *ligne du ch. de fer départemental d'Esvres au Grand-Pressigny*, trois courtes montées font atteindre un bois de jeunes pins et de chênes, venant à point rompre la monotonie du parcours Dans le taillis, vis-à-vis une croix blanche, croise (**6**) le ch. de Dolus (5) à Vou (5); à g., au milieu d'une clairière, s'élève le petit *château de Kerleroux.* Plus loin, à hauteur de la *borne 63*, descente vers un joli fond ombragé, laissant à dr. le *château de Beautertre;* côte (5') pour sortir du bois.

On retrouve la plaine; puis, traversant une sorte de lande, on descend rapidement au rond-point de Beaurepaire pour s'élever ensuite de nouveau (4').

La r., s'accidentant, ondule à travers une région boisée et coupe un joli carrefour entouré de balustrades blanches. Montée suivie d'une descente; à g., se détache le ch. de Chanceaux (2). Nouvelle côte (8') précédant, à partir de la *borne 68*, la traversée de deux vallons encaissés et agrestes qui occasionnent deux descentes et deux côtes (9' et 4').

Ayant dépassé la petite *ligne de Loches au Grand-Pressigny,* on descend enfin la pente rapide qui conduit dans la vallée de l'*Indre* vers la ville de Loches, située au milieu du plus pittoresque décor.

Entrant dans Loches (Ch.-l. d'arr. — 5.182 hab.) par la rue de *Manthelan* qui traverse la place du Palais de Justice, ou du *Champ-de-Foire*, on suivra, de l'autre côté de la place, la rue *Alfred-de-Vigny* et, à l'extrémité de cette rue, tournant à dr., on arrivera à l'hôtel recommandé de la *Promenade*, à l'angle de la place de la *Tour* (**10.0** — Café de la *Ville*).

Visite de la ville et du château de Loches (environ 3 h.). — A la sortie de l'hôtel de la *Promenade*, tourner à dr. sur la place de la *Tour* (prenant son nom de la tour Saint-Antoine, située à g., qui faisait partie d'une église aujourd'hui disparue) et suivre, toujours à dr., la rue de la *Grenouillère*.

Parvenu à l'endroit où elle s'élargit, passer à g. sous la *porte Picoys*. De l'autre côté, l'Hôtel de Ville se trouve immédiatement à dr., dans l'encoignure.

Un peu plus haut, la rue du *Château*, à dr., bordée de plusieurs maisons Renaissance, monte pour atteindre la massive porte d'entrée du Château, à g.

Passer sous cette porte, puis gravir à dr. la rue *Foulques Nerra*. Cinquante m. plus loin, la petite rue du *Donjon*, à dr., précédée de six marches, aboutit au *Mail du Donjon*. Cette promenade conduit à l'entrée du Donjon (s'adresser au gardien; rétribution, 50 c.).

Le formidable donjon de Loches, construit par Foulques Nerra, vers l'an 1000, devint prison d'Etat sous Charles VII. Jean, duc d'Alençon, Pierre de Brézé, Philippe de Savoie, le cardinal de la Balue, Commines, Ludovic Sforza, duc de Mantoue, Saint-Vallier, père de Diane de Poitiers, figurent parmi les prisonniers célèbres internés dans cette sombre forteresse. A voir : les cachots, la salle de torture et celle où se trouvaient les cages du cardinal de La Balue, le point de vue de la plate-forme de la tour.

Après la visite du donjon, descendre le mail, et, à son extrémité, la rue *Thomas Pactius*, à dr., qui mène à l'église Saint-Ours.

Sortir de l'église par le grand portail et, tournant à dr., on arrivera presqu'aussitôt à l'entrée de la Sous-Préfecture, dans l'ancien Château Royal ou Logis du Roi (s'adresser au concierge; rétribution, 50 c.).

Le Château Royal, reconstruit par Charles VII, agrandi par Louis XI et Louis XII, renferme le tombeau d'Agnès Sorel ainsi que la chambre et l'oratoire d'Anne de Bretagne.

De la Sous-Préfecture, revenir sur ses pas, puis descendre à dr., vis-à-vis le portail de l'église Saint-Ours, la rue *Charles VII*, ramenant à la porte du château.

Hors de l'enceinte, suivre à g. la rue de la *Poterie*, plantée d'arbres, jusqu'à sa rencontre avec la rue *Porte Podevine*. Ici, s'ouvre à g. un enclos, compris dans les douves du château, où l'on peut visiter (rétribution, 50 c) deux galeries secrètes de ravitaillement du donjon (80 m. et 110 m. de longueur).

Revenir ensuite sur ses pas par la rue de la Poterie, et, ayant dépassé la porte du château de vingt-cinq m. environ, descendre à dr. la rue des *Fossés-Saint-Ours*. Celle-ci contourne la base des remparts; puis, tournant à dr. sur un petit pont en pierre, entre deux tours, vient longer les murs de soutènement du Château Royal. Parvenu au-dessous du chœur de l'église Saint-Ours, on descendra à g. un ch. en lacets, qu'ombragent des marronniers.

Au bas du monticule, suivre à g. la rue *Quintefol* jusqu'au croisement de la *Grande-Rue*. Ici, négligeant devant soi la rue des *Moulins*, on passera à dr. sous la *porte des Cordeliers*. De l'autre côté de la porte, laisser la rue des *Ponts* vis-à-vis, qui conduit dans la direction de l'abbaye de Beaulieu (*V.* page 92), et tourner à g. Le quai de la *Filature* ramène à la place de la *Tour*.

Pour mémoire. — De **Loches** à **Tours**, *V.*, en sens inverse, page 37, de *Tours à Châteauroux*.

De **Loches** à **Châteauroux**, *V.*, page 37, de *Tours à Châteauroux*.

De **Loches** à **Châtellerault**, par Ciran (13), Ligueil (6 — Hôt. de la *Poste*), Cussay (4), La Haye-Descarte (7 — Hôt. *Brunet*), Ingrande (10) et Châtellerault (7 — Ch.-l. d'arr. — 20.014 hab. — Hôt. de l'*Univers*).

De **Loches** à **Amboise**, *V.*, en sens inverse, page 29.

DE LOCHES A MONTRICHARD

Par Saint-Quentin, Le Coudray, Luzillé,
Francueil, Chenonceaux, Chisseaux, Chissay et
Nanteuil.

Distance : **30** kil. *Côtes :* **51** min.

Nota. — Route légèrement accidentée jusqu'au Coudray; descendante entre Le Coudray et Francueil, où reparaissent quelques faibles ondulations; ensuite plate.

La route directe de Loches à Montrichard, par Genillé (11), Le Liège (6) et Montrichard (16), passe du côté opposé au château de Chenonceaux.

V. aussi l'itinéraire de Loches à Montrichard par Montrésor, Valençay et Saint-Aignan, pages 92 et 96.

Au sortir de l'hôtel de la *Promenade,* suivre à g. la rue de *Tours.* Plus loin, la r. s'élève légèrement dans le *faubourg Saint-Jacques.* Quand on aura parcouru environ quinze cents m., parvenu à hauteur du débit du *Faisan-Doré* (**1.5**), abandonner la r. de Tours (38) et tourner à dr. pour traverser la vallée de l'*Indre* ainsi que trois passages à niveau du ch. de fer.

A la croix, on coupe le ch. de Beaulieu (1.5) à Chambourg (7) et l'on gravit le versant de la colline (un raidillon et une côte : 4' et 8'), qui limite de ce côté la vallée, pour atteindre le café-restaurant du *Rendezvous de la Chasse et de la Forêt* (**1.5**).

Ici, trois r. se présentent : à dr., ch. de Ferrière-Beaulieu (1.5); devant soi, r. directe de Loches (30) par Genillé et Le Liège; à g., r. de Luzillé par Saint-Quentin. Cette dernière, plus courte de quatre kil. et demi, que celle par Genillé, sera choisie de préférence.

Après un raidillon de cent cinquante m. et une descente, la r. longe la lisière de la *forêt de Loches* ; puis, s'élevant par deux côtes successives (4' et 5'), pénètre sous bois. On dépasse le carrefour de la *Pyramide de Saint-Quentin* (3) ; descente légère à laquelle succède une côte (3') pour sortir de la forêt et descendre ensuite rapidement dans la vallée de l'*Indroye*. Remarquer sur la colline opposée le petit château avec tour qu'habita Agnès Sorel.

De l'autre côté du pont, nouvelle côte très dure (8'), en laissant à g. l'église de Saint-Quentin (1). A la première bifurcation, vis-à-vis une maison à toit en tuiles rouges, se détache à dr. le ch. du Liège (6.5) ; continuer à g. Descente rapide suivie d'une rampe (7'). Parvenu presque au sommet de la côte, au tournant, abandonner (1.1) la r. de Bléré (11) et prendre à dr. le ch. de Luzillé, sans poteau indicateur, mais reconnaissable à un gros orme isolé, planté près de là, sur la dr. de ce ch.

On traverse une plaine insignifiante présentant, par les mouvements du terrain, trois montées, dont la première, la plus longue (4'), mesure environ cinq cents m.

A partir du hameau du Coudray (3.6), le ch. descend légèrement, ensuite, plus rapidement, vers le village de Luzillé. Dans Luzillé, tourner à dr. en se méfiant des deux caniveaux pavés au croisement (2.1) de la r. de Loches (18.5 — par Le Liège et Genillé) à Bléré (9).

Coupant cette r., à l'angle du magasin *Roy*, on descendra jusqu'à l'église où le ch., infléchissant d'abord à g., puis à dr., descend plus rapidement pour traverser un ruisseau à côté d'une passerelle. Tournant encore à g., on suivra le vallon jusqu'au joli *étang de la Brosse*. Ici, le ch. bifurque ; prendre à dr. et descendre le nouveau gracieux vallon dans lequel on s'est engagé, sans se préoccuper des ch. secondaires qui s'écartent à dr. et à g.

Après avoir dépassé un moulin, on monte (4') à la place de l'église de Francueil (6.6) où, tournant à g., on descendra encore à g., la r. tracée à dr. d'un bel orme.

Au delà d'un raidillon, une longue descente conduit dans la vallée du *Cher*, rivière qu'on traverse (Montée :

2') sur un pont à péage (10 c.). A l'extrémité du pont, apparait à g. le *château de Chenonceaux*, en grande partie masqué par un rideau de peupliers. Franchissant le passage à niveau de la *ligne de Vierzon à Tours* (petite montée : 3'), on atteint le croisement (**2**) de la r. de Tours (31) à Bourges (118) et à Nevers (188); tourner à g.

Parvenu dans Chenonceaux, vis-à-vis la *borne 3*, suivre la r. à dr. qui mène en quelques tours de roue devant l'entrée de l'hôtel du *Bon-Laboureur-et-du-Château* (**1.3**). Laisser en garde sa machine à l'hôtel pour aller visiter le Château.

Le château de Chenonceaux (1 h. 30' ; visible les jeudis et dimanches de 2 h. à 4 h.; les appartements privés, seulement pendant l'absence du propriétaire). un des plus beaux de France, fut construit en 1515 par Thomas Bohier, receveur des finances.

Elevé sur un pont, au milieu du lit du Cher, ce merveilleux domaine passa successivement entre les mains de François Ier, de Henri II, qui le donna à Diane de Poitiers, de Catherine de Médicis et de Louise de Lorraine. Il appartient aujourd'hui à M. Terry.

Après avoir repris sa machine à l'hôtel, on reviendra dans Chenonceaux à la *borne 3*, pour suivre à g. la r. de Montrichard. Celle-ci, remontant la vallée du Cher, longe la ligne du ch. de fer, traverse le village de Chisseaux (**2** — Côte : 2'), puis franchit la limite (**1**) des départements du Loir-et-Cher et de l'Indre-et-Loire.

Dépassé Chissay (**3** — petite montée, passage pavé et raidillon), on laisse à g. le joli *château de Chissay*, appartenant à M. de Costa de Beauregard. Plus loin, au delà du passage à niveau du ch. de fer, à Nanteuil (**2** — Dans l'église, chapelle de la Vierge, à deux étages, bâtie par Louis XI), se détache à g. la r. d'Amboise (17). Continuer vers la petite ville de Montrichard (**1** — Ch.-l. de c. — 2.850 hab.), située sur la r. de Tours à Bourges, et s'arrêter à dr. à l'hôtel de la *Tête-Noire*.

Visite de la ville et du château de Montrichard (environ 1 h.). — Au sortir de l'hôtel, suivre à dr. la *Grande-Rue* qui traverse successivement les places du *Commerce* et de l'*Hôtel-*

de-Ville. Ayant dépassé à g. les escaliers qui montent à l'église, on atteint une troisième place. Un peu plus loin, toujours dans la Grande-Rue, s'adresser à dr. chez M. *Place*, horloger, pour la visite des ruines du Château (rétribution, 50 c.) datant du XII° et XV° s.

Au retour des ruines, voir l'église paroissiale ; puis redescendre à la Grande-Rue, qu'on reprendra à g. pour regagner la place où se détache à dr. la r. de Loches (par Le Liège et Genillé). Ici, la rue à dr. conduit au pont de neuf arches sur le Cher. Devant le pont, tourner à dr. et suivre le quai jusqu'à la hauteur de la sixième rue à dr. Celle-ci ramène à l'angle de l'hôtel de la *Tête-Noire*.

Excursion recommandée au départ de Montrichard.— L'abbaye d'Aiguevive (16 kil., aller et retour).

Itinéraire : Traverser le pont de Montrichard et suivre la r. de Loches par Le Liège. On laisse à dr. le village de Faverolles (3), situé sur un coteau, de l'autre côté du vallon. Un peu plus loin, ayant franchi le ruisseau, on abandonne (2) la r. du Liège pour s'engager à g. sur le ch. d'Aiguevive.

A Aiguevive (3), s'élevait une ancienne abbaye du XII° s. L'église renferme une statue de la Vierge, but de pèlerinage.

Retour à Montrichard (8) par le même itinéraire.

Pour mémoire. — De Montrichard à Tours, V., en sens inverse, page 37, de *Tours à Bourges*.

De Montrichard à Bourges, V., page 37, de *Tours à Bourges*.

De Montrichard à Amboise (V. page 29), 19 kil.

DE LOCHES A VALENÇAY

Par Montrésor, Villeloin, Nouans
et Luçay-le-Male.

Distance : **18 kil. 600 m.** Côtes : **2 h. 35 min.**

Nota. — Route accidentée, nombreuses côtes ; agréables paysages. Avoir soin de quitter Loches de bonne heure pour pouvoir visiter le château et l'église de Montrésor avant le déjeuner. Au besoin, on peut coucher à Nouans ou à Luçay-le-Male.

Au départ de l'hôtel de la *Promenade*, tourner à dr. et, laissant à dr. la direction de la ville, traverser la place de la *Tour*, en longeant la promenade pour continuer par la rue de la *Filature*. Vis-à-vis l'ancienne *porte des Cordeliers*, prendre à g. la rue des *Ponts*. Celle-ci, bordée d'habitations, traverse les prairies de l'*Indre* et franchit sur une série de ponts les nombreux bras de cette rivière.

Remarquer au n° 30, à dr., vis-à-vis le bureau de l'octroi, le *château de Sansac*, dont la porte d'entrée est ornée d'un buste médaillon de François Iᵉʳ, le plus authentique connu (1529).

Un peu plus loin, on arrive dans Beaulieu (**1.1**), sorte de faubourg de Loches, au croisement de la r. de Saint-Hippolyte (11.4) à Saint-Quentin (9).

La rue de l'*Abbaye*, à dr., conduit sur la place de l'Abbaye (0.1) où s'élèvent à dr. les ruines de l'**abbaye de Beaulieu**. Ces ruines sont contiguës à l'église paroissiale et voisines de la chapelle Saint-Laurent, aujourd'hui abandonnée. Dans l'église paroissiale, on voit l'emplacement du tombeau du célèbre Foulques Nerra, comte d'Anjou (987-1039), dont le souvenir se rattache à de si nombreux monuments et châteaux de la Touraine et de l'Anjou.

Revenir à la r. de Montrésor et traverser à dr. tout le bourg pour arriver à une bifurcation (**0.5**) signalée par une croix et une fontaine.

La branche de droite mène (10' à pied) à la *Croix-Bonnin*, calvaire entouré de quatre pierres druidiques.

La r., continuant à g., monte le *faubourg de Guigné* en dépassant les ruines de la *tour Chevalot*, dans un enclos à dr. On s'élève (Côtes : 6' et 15') vers un plateau en partie planté de vignobles, et, après quelques ondulations (Côtes : 4' et 3'), on atteint une large plaine.

A l'extrémité de cette plaine, la r. pénètre dans la belle *forêt de Loches* et descend au carrefour de la *Pyramide des Chartreux* (**6.2**), à l'intersection des r. de Sennevières (3.3) et de Loché (11) à Chédigny (13.5). Continuer devant soi ; deux côtes (3' et 3').

Après un premier croisement de ch.. entre les *bornes 79 et 80*, on rencontre la bifurcation d'un autre ch. (**2**) conduisant à dr. à la *chapelle de Saint-Ligel*, curieuse rotonde, ornée de fresques, située dans une clairière à quatre cents m. de la r.

A la sortie de la forêt de Loches, remarquer à dr. le portail de la *Chartreuse du Liget* (**0.8**), abbaye que fit construire Henri II pour expier le meurtre de Saint Thomas Becket. Les bâtiments, successivement remaniés, sont aujourd'hui transformés en ferme et maison d'habitation. Ils appartiennent à M. le vicomte R. de Marsay.

La r. descend vers le vallon d'Aubigny et traverse le ruisseau dans le voisinage d'une antique construction, à g. Elle remonte ensuite assez durement (6' et 15') pour regagner le plateau ; puis, par une pente douce de deux kil., descend de nouveau vers la gracieuse vallée de l'*Indroye*, rivière qu'on franchit à l'entrée de Montrésor (Ch.-l. de c. — 697 hab.).

Laissant à g. le ch. de Genillé (10.1), suivre la rue à dr.; quelques m. plus loin, se trouve situé à g. l'hôtel de *France* (**6.1**), où l'on pourra s'arrêter pour déjeuner et déposer sa machine en garde pendant la visite du Château.

Pour se rendre au **château de Montrésor**, des XI⁰ et XVI⁰ s. (visible tous les jours ; 1 h. environ ; gratification, 50 c. ; collection d'objets précieux ayant appartenu aux rois de Pologne), il faut traverser toute la localité. Dépassant l'hôtel de *France*, parvenu à l'angle d'une maison avec tourelle, monter à g. la *Grande-Rue*, puis, à dr., le *Mail*. A l'extrémité du Mail, une rampe courbe, à dr., mène à l'entrée du château, propriété de M. le comte Branicki.

Du château, se rendre à l'église paroissiale, toute chargée de sculptures, qui mérite également une visite (magnifique tombeau des Bastarnay du Bouchage, premiers seigneurs de Montrésor).

La r. contourne la double enceinte du château, en suivant la *Grande-Rue* (Côte : 2') et le *Mail* ; puis, ayant dépassé l'église, s'élève par une assez longue côte (10') jusqu'au cimetière : vue d'ensemble, en arrière, sur le château et la ville de Montrésor. Après un raidillon (2'), une descente précède la côte (5') de Villeloin (**2.8**).

On remonte un vallon (Côtes : 2' et 2') dont le ruisseau, tributaire de l'Indroye, est franchi en vue du hameau de Coulangé. Parcours fortement ondulé (Côtes : 7', 3' et 2') ; à dr., à l'extrémité d'une avenue, le joli *château des Genets*. Nouvelle montée (2'), ensuite descente au *moulin de la Planche*, suivie de deux côtes (4' et 2') pour arriver à Nouans (**6** — Hôt. de la *Place*), ce village situé au croisement de la r. de Villedomain (9.4) à Céré (16.7).

A la sortie de Nouans, laissant à dr. le ch. d'Ecueillé (7), on s'élève par une côte (4'), prolongée d'une rampe douce de deux kil., sur une vaste plaine de cultures où la r. se déploie en ligne droite, loin de toute demeure.

Dépassé la limite (**5.2**) des départements de l'Indre-et-Loire et de l'Indre, on pénètre dans la *forêt de la Tonne*, où croise (**1.3**) le ch. de Faverolles (6.5) à Ecueillé (6).

Hors du bois, la r. sillonne une autre plaine, largement ondulée, occasionnant trois descentes suivies de côtes (3', 6' et 2'), puis elle rejoint (**3.0**) la r. d'Ecueillé (7) à Valençay ; descendre à g.

Au bas de la pente, se détache à dr. le ch. de Jeu-Maloches (11) ; un peu plus loin, au grand moulin, traversée du ruisseau du *Modon*. On gravit ensuite le versant de la colline (Côte: 10') pour gagner Luçay-le-Mâle (1.7 — Hôt. du *Dauphin*).

Dépassé la place, une descente rapide conduit vers le vallon d'un ruisseau affluent du Modon; au pont (0.7), s'éloignent successivement, à g. les ch. de Saint-Aignan (19.9), par Faverolles (6), et de Selles-sur-Cher (22.2), par Villantrois (7.4).

La côte (5') reprend en tranchée, tandis qu'on remarque: à g., à une certaine distance, un groupe de curieux rochers, et, à dr., sur la hauteur, les tours du *château de Luçay*.

Parvenu au premier palier, négliger à dr. le ch. de Vicq-sur-Nahon (7.5) et continuer à g. Une longue côte (12') fait regagner un plateau, modérément ondulé (Côtes: 2', 3' et 3'), entrecoupé de plaines et de bouquets d'arbres.

La r., s'aplanissant, traverse le joli bois du *Buisson de Veuil*, puis longe la lisière de la *forêt de Gatine*; faibles ondulations et deux petites côtes (2' et 3'). On descend ensuite légèrement pour rejoindre, à l'entrée de Valençay (Ch.-l. de c. — 3.131 hab.), la r. d'Entraigues (15.9).

La chaussée longe le mur du parc du *château de Valençay* et atteint la grille d'honneur (10.2), située vis-à-vis la majestueuse r. de Selles-sur-Cher (11.3).

Ayant dépassé la grille, tourner immédiatement à dr., à l'angle de la propriété, dans la rue de *Blois* (Côte: 2'); ensuite à g., dans la rue du *Château*. Quelques m. plus loin, s'arrêter à g. à l'hôtel d'*Espagne* (0.2).

En fait de curiosités, le bourg de Valençay possède son superbe château, entouré d'un parc admirable, dominant la vallée du *Nahon*. L'entrée se trouve à dr. de l'hôtel d'*Espagne*, à l'angle des rues du *Château* et de *Blois* (45': visible tous les jours; gratification, 50 c.).

Le **château de Valençay**, bâti par les d'Etampes, sous François Ier, fut acquis en 1803 par le prince de Talleyrand et vendu par ses héritiers en 1901. La plupart des collections d'œuvres d'art, des tableaux, ainsi qu'une partie du mobilier qui garnissaient les appartements, ont été dispersés aux enchères.

Ce château servit de résidence forcée à Ferdinand VII, de 1808 à 1814, et à son frère Don Carlos, de 1810 à 1815.

DE VALENÇAY A MONTRICHARD

PAR VILLANTROIS, LYE, COUFFY, SAINT-AIGNAN,
THÉSÉE ET BOURRÉ.

Distance : **11** kil. *Côtes :* **20** min. *Pavé :* **8** min.

Nota. — Excellente route ne présentant qu'une seule côte au départ de Valençay. Légères ondulations jusqu'à Lye. Au delà de Lye, terrain à peu près plat.

Quittant l'hôtel d'*Espagne*, tourner à dr., par la rue du *Château* et la rue de *Blois*, pour revenir devant la grille d'honneur du château de Valençay. Vis-à-vis la grille, prendre à dr. la r. de Selles-sur-Cher. Celle-ci s'élève (7') vers la lisière de la *forêt de Gatine* et atteint le *carrefour de Bénévent* (**1.1**).

Ici, abandonner la r. de Selles-sur-Cher pour suivre à g. le ch. de Villantrois. Ce ch., faiblement ondulé (Côtes : 2' et 4'), traverse la forêt pendant six kil. et passe successivement aux beaux carrefours du *Vieux-Puits* et de *Dino*, séparés par l'étroit *étang Vieux*.

A la sortie de la forêt, descente vers le vallon du *Modon*, entrecoupée par la rampe légère du hameau de La Fontaine. Plus loin, à un tournant, apparaissent les ruines encore imposantes du *château de Villantrois*, puis on rejoint (**8**) la r. de Luçay-le-Mâle à Lye ; tourner à dr.

Si l'on désire visiter les ruines du **château de Villantrois**, tourner à g. en se dirigeant vers le village de Villantrois, et, cent m. plus loin, prendre à dr. la r. de Faverolles, abritée sous une avenue d'ormes. Après le pont sur le Modon, on arrive au Bourg-du-Château. Ici, tournant à dr., on rencontre presque aussitôt un ch. à g. (0.6), qui conduit (à pied. 20' aller et retour) à l'entrée des ruines. Celles-ci, lamentables de près renferment dans leur enceinte une ferme et quelques masures. Retour à la r. de Lye par le même ch. (0.6).

La r., légèrement ondulée (Raidillons : 2' et 1'), descend la rive dr. de la vallée du Modon en passant par Lye (3.7 — Côte : 2'), village où se détache à dr. le ch. de Meusnes (5). Après une courte montée (2'), on entre dans le département du Loir-et-Cher et l'on rejoint, au hameau du Poulas (9.4 près d'une mare, la r. de Selles-sur-Cher (8.6) à Saint-Aignan; tourner à g.

La r. de Saint-Aignan, à peu près plate, descend la large vallée du *Cher*, le long des prairies. Tracée au pied des coteaux, elle rencontre le village de Couffy (2), puis le hameau du Moulin-de-Seigny (3), où vient déboucher le ch. de Châteauvieux (3.2).

En vue de Saint-Aignan (Ch.-l. de c. — 3.300 hab.), on se rapproche du Cher aux gracieux méandres. Suivre les quais de l'*Hôpital* et de *Jean-Jacques-Delorme*; sur ce dernier, se trouve situé à g. l'hôtel *Saint-Aignan*, où l'on s'arrêtera pour déjeuner (9.9).

Visite de la ville de Saint-Aignan (environ 1/2 h.). — A la sortie de l'hôtel, monter la deuxième rue à g. Celle-ci se continue par la rue des *Boucheries*, bordée d'anciennes maisons. Dépassé le tournant, une rue, à dr., conduit devant le porche de l'église paroissiale. Vis-à-vis, un monumental escalier à balustres, de 144 marches, monte à la grille d'entrée du *château de Saint-Aignan* (XIIIᵉ et XVIIᵉ s.), propriété de M. le comte de La Roche-Aymond (on ne visite pas l'intérieur du château, mais on peut jeter un coup d'œil sur la façade).

Redescendre au bas de l'escalier et suivre à g. la promenade de la *Carrière*, qui fait le tour du château. On passe sous le pont reliant le château au parc, puis on regagne le quai du Cher par la rue des Boucheries.

Le quai aboutit, vis-à-vis un moulin, au pont sur le Cher; traverser la rivière, à dr., et, suivant la r. de Blois pendant un kil., on arrivera, au delà des prairies, à la croisée (**1.9**) de la r. de Selles-sur-Cher (15) à Montrichard. Ici, abandonner la r. de Blois (37.2) et tourner à g.

La r., excellente et plate, s'étend sur une plaine en partie plantée de vignes, puis se dirige parallèlement à la *ligne de Tours à Vierzon*, en côtoyant la colline. On traverse la voie à l'entrée de Thésée, village où se détache à dr. (**7.3**) un premier ch. pour Contres (15.4); un peu plus loin (**8.7**), vis-à-vis la *borne 165.5*, un autre ch. conduit également vers cette localité.

Ce second ch. est suivi par les cyclistes venant de Montrichard, qui veulent se rendre à Blois par Cheverny et Beauregard (*V*. page 99).

On passe devant une série d'habitations et de caves creusées dans le rocher de la colline, avant et après le village de Bourré (**1.1** — petites montées); tandis que le Cher, d'abord éloigné, reparaît tout proche, en bordure de la ligne et de la chaussée.

Dans Montrichard (Ch.-l. de c. — 2.850 hab. — Pavé: 8'), on suivra directement la *Grande-Rue* qui traverse toute la localité, en laissant successivement : à g., sur une première place, la r. de Loches ; puis, à dr., près de l'escalier de l'église, la r. de Blois par Pontlevoy (*V*. page 102). Plus loin, on rencontre encore la place de l'*Hôtel-de-Ville*, ensuite, à l'extrémité du pavage, la place du *Commerce*, ornée d'un bel orme. Quelques m. au delà, se trouve situé à g. l'hôtel de la *Tête-Noire* (**3.5**).

Nota. — Pour la visite de la ville de Montrichard, *V*. page 90.
Le cycliste qui voudra se rendre de Montrichard au **château de Chenonceaux** (9) devra suivre, en sens inverse, l'itinéraire de *Loches à Montrichard*, indiqué à la page 90.

DE MONTRICHARD A BLOIS

DEUX ITINÉRAIRES

Itinéraire A. — PAR BOURRÉ, MONTHOU-SUR-CHER, CHOUSSY, OISLY, CONTRES, CHEVERNY, COUR-CHEVERNY, CLÉNORD, BEAUREGARD ET SAINT-GERVAIS.

Distance : **50 kil. 100 m.** *Côtes :* **18 min.**
Pavé : **16 min.**

Nota. — Route intéressante, à peu près plate.

L'étape de Montrichard à Blois, comprenant la visite des châteaux de Cheverny et de Beauregard, étant assez longue, nous conseillerons, si l'on a déjà visité la veille les ruines du château de Montrichard, d'aller déjeuner à Contres. Dans le cas contraire, si l'on est seulement monté le matin aux ruines de Montrichard, il faudra quitter cette ville après le déjeuner, au plus tard vers onze heures.

Au départ de l'hôtel de la *Tête-Noire* tourner à dr. et traverser la ville par la *Grande-Rue* (Pavé : 8'). Celle-ci passe devant l'Hôtel de Ville et laisse à g., près des escaliers de l'église (O.5), la r. de Blois par Pontlevoy (V. page 102). Plus loin, à une petite place plantée d'arbres, à l'angle d'une vieille maison en bois, se détache à dr. la r. directe de Loches (33) par Le Liège (16).

Hors Montrichard, la r., plate, très bonne, passe sous le pont de la *ligne de Tours à Vierzon* et remonte la vallée du *Cher*, rivière dont la vue est interceptée par un tallus parallèle à la voie ferrée ; cependant, au delà du village de Bourré (3), le paysage se dégage tandis qu'on longe le pied d'une haute paroi de rocher, taillé à pic. Parvenu à hauteur de la *borne 165.5* et d'un passage à niveau, abandonner (1.5) la vallée du Cher ainsi que la r. de Bourgès et de Nevers pour prendre à g. le ch. de Monthou.

Celui-ci, remontant un joli vallon boisé, traverse le village de Monthou (1.8), où se détache à dr. un ch. qui conduit au beau *château du Gué Péan* (1.5), propriété de M. le baron de Cassan. A la croix, le ch. tourne à g., franchit le ruisseau, puis s'élève, d'abord rapidement (4'), ensuite plus doucement pendant cinq cents m., pour atteindre un plateau. Au faîte de la côte, à la bifurcation, devant une nouvelle croix plantée sur un piédestal de pierre, suivre la direction de dr.

A partir de ce point, parcours d'une plaine monotone; on dépasse l'église de Choussy (4.0 — deux petites montées) et, après avoir gravi deux côtes (3' et 2'), laissant à g. la ferme importante de la Pillebourdière, on s'embranche (2.7), à l'entrée d'Oisly, sur un ch. venant de Pontlevoy (9.1). Tourner à dr. pour traverser Oisly (0.6) et aller rejoindre (2.5) la belle r. départementale de Blois au Blanc.

Arrivé à cette r., tournant à g., on descendra agréablement jusqu'à Contres (Ch.-l. de c. — 2.586 hab.), situé sur la rivière de la *Bièvre*. Dans le bourg, laisser à dr. la r. de Selles-sur-Cher (19) et continuer directement par la *Grande-Rue* qui traverse la place du *Marché* (2.0 — Hôt. du *Lion-d'Or*). Aux dernières maisons (0.5), abandonner la r. de Blois et s'engager à dr. sur le ch. de Cheverny.

Ce ch., absolument plat, tracé en ligne droite à travers la plaine, pendant trois kil. environ, se borde bientôt de pins, puis de magnifiques peupliers. Ces beaux arbres le font d'autant plus ressembler à une avenue qu'il aboutit exactement vis-à-vis la façade méridionale du majestueux *château de Cheverny*. A la grille, tourner à dr. pour longer le mur des communs et, décrivant un circuit, on atteindra l'église du village de Cheverny (0 — Hôt. *Saint-Eloi*), devant l'entrée du château.

Le château de Cheverny (visible tous les jours, 25' ; gratification, 50 c.), bâti en 1634 par le comte de Cheverny, appartient aujourd'hui à M. le marquis de Vibraye.

A l'intérieur, magnifiques appartements, ornés de superbes tentures, peintures et vieux meubles.

En sortant du château, suivre la r. à g. qui longe un moment la clôture du parc. A l'extrémité du parc, on rejoint à dr. l'embranchement du ch. de Mur (16) et de Romorantin (24); puis, franchissant un pont, on traverse le long village de Cour-Cheverny (**1.3**).

Au delà de Cour-Cheverny, montée douce sur la r. de Blois, laissant à dr. le petit *château de la Morigonnière*; ensuite, après une côte (3'), descente agréable, pendant deux kil., vers Clénord (**3.5**), hameau situé dans la vallée du *Beuvron*. Après le pont, nouvelle côte (4') pour entrer dans la *forêt de Russy*, traversée sur une longueur de quatre kil. et demi. Parvenu à hauteur de la *borne 6.6*, voisine d'une maison de garde (**2.5**), se détache à g. un ch. conduisant au *château de Beauregard*.

Si l'on désire visiter ce château, on devra suivre le ch. à côté de la maison du garde. Il aboutit à la grille du parc (sonner si la porte est fermée), puis à la cour d'entrée du château (**1.4** — visible tous les jours, 20'; gratification, 50 c.).

Le château de Beauregard, construit, croit-on, comme rendez-vous de chasse, au XVI⁰ s., par François Iᵉʳ, appartient actuellement à M. le comte de Cholet. A l'intérieur, on y voit une curieuse galerie de 360 figures historiques célèbres, un remarquable carrelage et de belles boiseries.

Après avoir visité le château, revenir à la maison du garde (**1.4**) sur la r. de Blois.

Dépassé le ch. du château de Beauregard, la r. monte jusqu'à la *borne 4.9*; puis, descendant légèrement, sort de la forêt de Russy au carrefour de la Patte-d'Oie (**2.6**), formé par la réunion des r. de Selles-sur-Cher (36), de Romorantin (36) et de Bracieux (14). Pendant un kil., on roule à plat entre quatre rangées d'arbres; ensuite la r., encaissée entre deux talus, descend rapidement au village de Saint-Gervais (**2**).

De Saint-Gervais à Blois et à l'hôtel de *Blois* (**2.8** — Montée : 2' — Pavé : 8'), *V.* page 22.

Nota. — Pour la visite de la ville de Blois, *V.* page 22.

Itinéraire B. — Par Pontlevoy, Sambin, Monthou-sur-Bièvre. Les Montils, Villouet et Chailles.

Distance: **33** kil. **200** m. *Côtes:* **51** min.
Pavé : **8** min.

Nota. — Excellente route; une seule forte côte de dix-sept cents m. au départ de Montrichard.

Au sortir de l'hôtel de la *Tête-Noire*, tourner à dr. et, cent m. plus loin, traversant en biais la place du Commerce, à g., monter (3') l'avenue *Philippe-Auguste*. Celle-ci aboutit au *champ de foire*, où, tournant à g., on s'engagera sur la r. de Blois.

La chaussée passe au-dessus de la *ligne de Tours à Vierzon*, entre deux tunnels, puis gravit une côte de dix-sept cents m. (17'), dominant le ravin, occupé par un des faubourgs de la ville. On gagne ainsi la lisière de la *forêt de Montrichard*, traversée sur une distance de deux kil.

A la sortie du bois, on débouche sur une vaste plaine légèrement descendante vers le bourg de Pontlevoy (**8** — Hôt. de l'*Ecole*).

L'*Ecole de Pontlevoy*, dirigée par les pères jésuites, de fondation très ancienne, occupe les bâtiments d'une antique abbaye (pour visiter, s'adresser au concierge; rétribution, 50 c.),

Après un raidillon (2'), au départ de Pontlevoy, la r. s'élève insensiblement, puis ondule sur la plaine de Sambin (**5.9**). Au sommet de la côte suivante (5'), la vue laisse deviner le sillon de la vallée de la *Loire*, encore lointaine; descente à travers un petit bois.

La r. remonte (3'), ensuite descend en paliers successifs, entrecoupés de courts raidillons. Le paysage s'agrémente aux abords du village de Monthou (**4.3**), situé dans le vallon de la *Bièvre*; deux montées (2' et 2'); à dr., bifurcation (**1.7**) du ch. de Fougères (6.4). On franchit la rivière du *Beuvron* pour s'élever (7'), en contournant la butte que couronne le bourg des Montils; à g., vestiges de donjon et de murailles, dans une propriété particulière.

Au faîte de la côte (**0.7**), dépassé la localité, on parcourt un étroit plateau, couvert de vignes; à g., au lieu dit des Quatre-Vents (**1.8**), embranchement de la r. de Chaumont (10) et d'Amboise (27). Un peu plus loin, dans le village de Villelouet (**1.2**), continuer à dr. Légère rampe (1') suivie d'un raidillon (2'), ensuite descente rapide vers Chailles (**1.4**).

Ici, la r. infléchit brusquement à g., traverse le *Cosson*, au milieu d'une large plaine d'alluvion, et rejoint la *levée de la Loire*; un raidillon (2'). Ravissant trajet de cinq kil., à plat, accompagné d'une vue splendide du fleuve et de la ville de Blois.

Le quai de *Villebois-Mareuil*, dans le faubourg de Vienne, mène au pont de Blois (**2**).

Du pont à l'hôtel de *Blois* (**0.8** — Montée: 2' — Pavé: 8'), V. page 22.

DE BLOIS A BEAUGENCY

PAR LA CHAUSSÉE-SAINT-VICTOR, MENARS, FLEURY,
SUÈVRES ET MER.

Distance : **31** kil. **600** m. *Côtes :* **14** min. *Pavé :* **3** min.

Nota. — Belle route presque constamment plate. Le cycliste pressé qui voudrait parcourir en une seule étape le trajet de Blois à Orléans, par Beaugency (*V.* page 107 — en tout 57 kil. 600 m.), devra déjeuner à Mer.

Au sortir de l'hôtel de *Blois*, se diriger à dr. vers le square de la place *Victor-Hugo* (Pavé : 1'). Sur la place, tournant de suite à dr., on gravira la rue du *Gallois* (Côte : 8') qui mène à l'extrémité de la rue *Porte-Char-traine*, vis-à-vis la r. de Vendôme (32).

Ici, tourner à g. sur cette r. et, quelques m. plus loin, à hauteur de l'hôtel de la *Gerbe-d'Or*, l'abandonner pour prendre à dr. (O.5) la rue d'*Angleterre* (Pavé : 2'), début de la r. de Beaugency et d'Orléans.

Cette rue aboutit à la place de la *République*, ornée d'un square, et passe devant la Préfecture. Elle se prolonge par la belle *avenue de Paris*, laissant : à dr., la caserne *Maurice de Saxe*, et, plus loin encore, à l'octroi de Blois (1.8), à g., le ch. de Villerbon (7.5) et de Muisson (11).

La r. ondule sur un beau plateau, ne présentant que des mouvements de terrain insignifiants. A g., s'étend une vaste plaine rappelant la Beauce, tandis qu'à dr. la vallée de la *Loire*, dont le fleuve reste caché, se laisse à peine deviner par le beau viaduc de la *ligne de Romorantin à Blois*.

Après La Chaussée-Saint-Victor (**2**), petite montée pour franchir le pont du ch. de fer. A dr., le village de Saint-Denis.

Dépassé Menars (**1.4** — Château construit par Mme de Pompadour en 1764; ne se visite pas), on aperçoit, à dr., sur la colline opposée, le bourg de Montlivault. Plus loin, laissant encore à dr. la commune de Cour-sur-Loire, on atteint Fleury (**3.5** — petite descente).

Au delà de Suèvres (**2** — aub. *Breton* — Eglises Saint-Christophe et Saint-Lubin, du XIe s.), la r., cessant d'être bordée par les beaux arbres qui l'ombrageaient, oblique à g. et se dirige en droite ligne, à travers des vignobles, jusqu'à Mer (**5** — Ch.-l. de c. — 3.797 hab.). Une descente assez rapide conduit dans cette localité; après le pont sur le ru, côte (4') pour parvenir au croisement du boulevard, planté d'arbres, qui entoure la ville.

En prenant le boulevard à g., jusqu'à la place de la *Halle*, on arrive à l'hôtel du *Commerce* (0.5) situé à dr. de la halle.

A Mer, se détache à g. le ch. de Talcy (9) où l'on pourra visiter un beau château féodal appartenant à M. Stapfer.

De Mer à Beaugency, la r., tracée au cordeau, toujours monotone, sur une plaine sans relief, présente seulement trois montées douces entre les *bornes* 22.2 à 23.6, 24.4 à 25 et 26.4 à 26.5. A ce dernier endroit, on franchit la limite des départements du Loiret et du Loir-et-Cher.

Côte de deux cents m. (2') au hameau de Pompterve, puis bientôt apparait le clocher effilé de l'église de Beaugency, petite ville que domine une massive tour carrée en ruine.

A l'entrée de Beaugency (**12.3** — Ch.-l. de c. — 3.994 hab. — Vins renommés), si l'on doit faire étape,

ou déjeuner dans cette ville, on abandonnera la r.
d'Orléans, après avoir dépassé le n° 90, pour prendre à
dr., puis immédiatement à g., la rue de la *Porte-Ven-
dôme*, ensuite à dr. la rue *Neuve*. A l'extrémité de cette
rue se trouve à g. le jardin précédant l'hôtel *Saint-
Etienne* (O.4).

Visite de la ville et du château de Beaugency
(environ 1 h.). — Se diriger vers le Château, en partie reconstruit
au XV° s., par Dunois, qui sert aujourd'hui de Dépôt de mendicité
(pour visiter, s'adresser au gardien ; gratification, 50 c.). A côté,
s'élève l'ancien donjon, appelé tour de César. Vis-à-vis le dépôt
de mendicité, voir l'église Notre-Dame. Plus loin, se dresse la haute
tour ruinée de Saint-Firmin. Après avoir vu l'Hôtel de Ville (à
l'intérieur, belles tapisseries), se rendre au pont sur la Loire (26
arches) puis revenir à l'hôtel.
Beaugency renferme de nombreuses maisons du XV° au XVI° s.

Pour mémoire. — De Beaugency à Châteaudun, par
Cravant (**7**), Binas (**13**), Verdes (**6**) et Châteaudun (**16** — Ch.-l.
d'arr. — 7.460 hab. — Hôt. de la *Place*).

De Beaugency à Romorantin, par la Ferté-Saint-Cyr
(**16**), Dhuizon (**8**), Vernou (**10**) et Romorantin (**17** — Ch.-l.
d'arr. — 7.972 hab. — Hôt du *Lion-d'Or*).

DE BEAUGENCY A ORLÉANS

Par Meung, Saint-Ay et La-Chapelle-Saint-Mesmin.

Distance : **26** kil. **100** m. *Côtes :* **14** min. *Pavé :* **4** min.

Nota. — Cette étape étant très courte, on pourra profiter de l'après-midi pour faire l'excursion d'Orléans aux sources du Loiret (*V.* page 15).

De l'hôtel *Saint-Etienne*, pour rejoindre la r. d'Orléans, descendre vis-à-vis la petite rue du *Martroi* ; on passe devant une ancienne porte avec horloge. Au bas de la descente, au ruisseau pavé, laisser à dr. (**0.2**) la rue du *Pont* et continuer tout droit par la r. d'Orléans.

Une côte (1') ramène sur un plateau légèrement ondulé d'où l'on a, un moment, une échappée de vue vers la *Loire*, à présent plus rapprochée.

Petite descente dans un pli de terrain, laissant à dr. le hameau des Vallées. Du même côté, un peu plus loin dans la plaine, s'élève l'église isolée de Baule, auprès de laquelle se trouve situé le hameau de Foinard (**5**).

La r. descend vers Meung (**2.8** — Ch.-l. de c. — 3.210 hab. — Hôt. *Saint-Jacques* — Pavé : 4' — Tour fortifiée, ancienne résidence des évêques d'Orléans) par la rue de *Blois*. Au bas, elle oblique à dr. et traverse le bourg par la rue d'*Orléans*.

A la sortie de Meung, montée de trois cents m. ; à g., se détache le ch. d'Huismes-sur-Mauves (7.5) et de

Saint-Péravy-la-Colombe (20.5). Plus haut, à la *borne 89*, remarquer, de l'autre côté de la vallée, la toiture de l'église de Cléry (*V.* page 19).

Descente légère ; on passe à Cropet (4.1), puis, se rapprochant des rives boisées de la Loire, après un moulin, on monte (5') à Saint-Ay (1.4).

Au delà de Fourneaux (1.9), descente suivie d'une montée de trois cents m. (2'). La r., continuant à onduler, atteint La Chapelle-Saint-Mesmin (4.9) ; à dr., sur la hauteur, est situé le Séminaire. Montée faisable, ensuite côte de trois cents m, précédant La Madeleine (3.5), faubourg manufacturier d'Orléans. Une descente mène à la grille de l'octroi de la ville et, par une dernière petite côte (3'), on atteint (1.4) les boulevards circulaires d'Orléans.

Ici, suivre à g. le boulevard du *Moulin-de-l'Hôpital*; on passe devant l'entrée du faubourg *Saint-Jean* (deux ruisseaux) et, continuant par le boulevard *Rocheplatte*, qui laisse à g. plusieurs rues, on arrive bientôt à la place *Bannier* (0.9) ornée d'un square avec fontaine. A g., se trouve l'hôtel *Saint-Aignan*.

Le boulevard *Alexandre Martin*, de l'autre côté du square, mène à l'hôtel du *Loiret*, situé à dr., vis-à-vis la gare, à l'angle du boulevard et de la rue de la *République*.

Nota. — Pour la visite de la ville d'Orléans, *V.* page 13.

Paris. — Imprimerie O. Maurin, 71, rue de Rennes. — 4-1901

9 782012 859210